뭐~?!
시계가 사라졌다고?

형 책상 위에 있던
시계도,

텔레비전 위에
걸려 있던 시계도,

형이 물려준
손목시계도...
다 사라졌다.

맞다!
놀이터에
엄청 큰~
시계가
있었지!

놀이터

헉!
그 큰 시계가
사라지다니...

온 세상의 시계가 다 사라졌다.
어머
여기도 시계가
없어졌네!
시계 없나요?
몇 시야?

키 시계 가게
아이고...
나는 망했네.
텅텅~

그 많던 시계가
다 어디로 갔을까?

화장실
어?
시계다!

그새를 못 기다리고
나만 두고 가다니!
잠깐!
잠깐!

막지 마~
나 지금 늦었다구!

어디로 가는 건데?
내가 같이
가줄까?

뭐!? 안 돼!
인간들 몰래 숨은 건데
알려줄 수 없지!

정말…
다 같이 약속하고
사라진 거였어…

그래!
너네 인간들!
휴대폰 시계만 보고
우리는 필요 없는 거
아니었나?

하지만 난
휴대폰 없는데…

하지만 너도
휴대폰이 생기면
휴대폰 시계만
보겠지…

시계 보는 건
어려우니까
그러지~
너 같은 인간들
때문에 우리가
사라진 거야!

그럼 나한테
시계 읽는 방법을
알려줘~
헐…

이래 봬도
시계에 있는 숫자는 다
알고 있다고~!
4 11 3 5 9 10 1 2 8 6 7 12

숫자만 안다고
시계를 읽을 수 있는 건
아니거든!

뭐를 더 알아야
하는지 알려주면
열심히 배울게~

시계에는
숫자도 있고,
바늘도 있지!
숫자는 1부터 12까지!
바늘은 3개!
12
1
2
3
4
5
6
7
8
9
10
11

근데 사실 시계에 있는 바늘은
계속 움직이고 있어~
휴대폰으로 QR코드를
스캔하면, 움직이고 있는
바늘을 볼 수 있을 거야!
12
1
2
3
4
5
6
7
8
9
10
11

12
1
2
3
4
5
6
7
8
9
10
11
이 바늘은 너무 빨리
움직이니까, 이건
빼고 알려줄게~
마음대로
바늘을 빼도
되는 거야?!

12
11
1
9
3
8
4
7
5
6
때가 되면
다 알려줄 테니까
나만 믿고 따라와~
오케이!
내가 열심히 공부해서
온 세상의 시계를
모두 구해줄게!

차 례

1 시계 보기 시작

2 몇 시 몇 분

3 몇시 몇분 몇초

4 디지털시계

1 시계 보기 시작

이 단원에서 배울 내용

1. □시
2. 시계에 있는 수
3. □시간
4. □시 30분
5. 30분

3시!

1 □시

개념 익히기 1

시계를 바르게 읽은 것에 ○표 하세요.

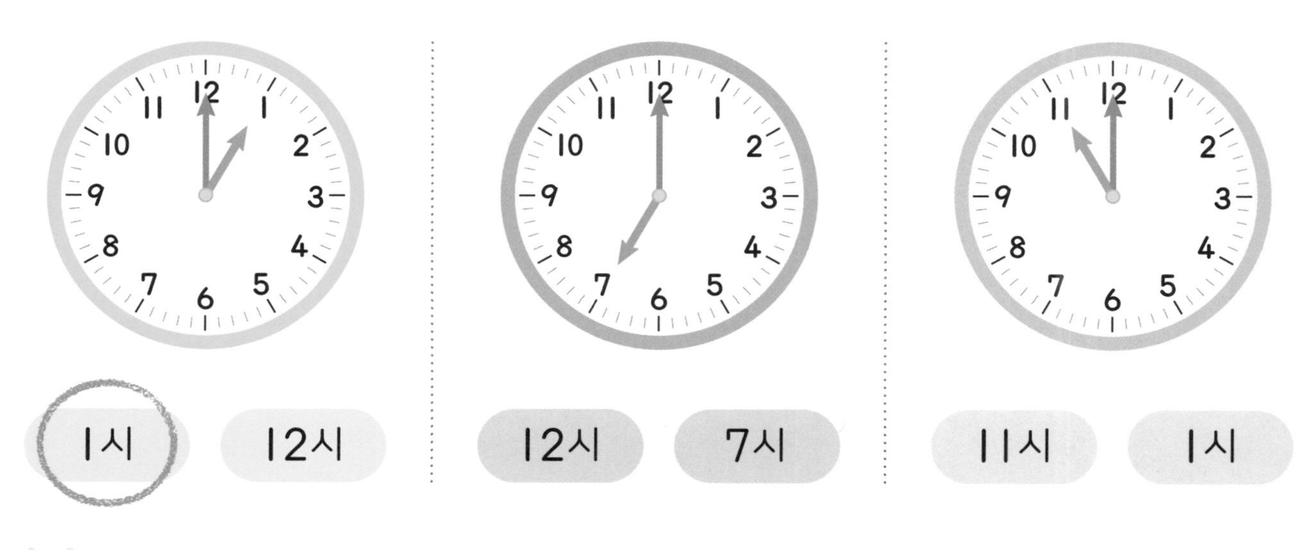

개념 익히기 2

시계를 바르게 읽은 것과 연결하세요.

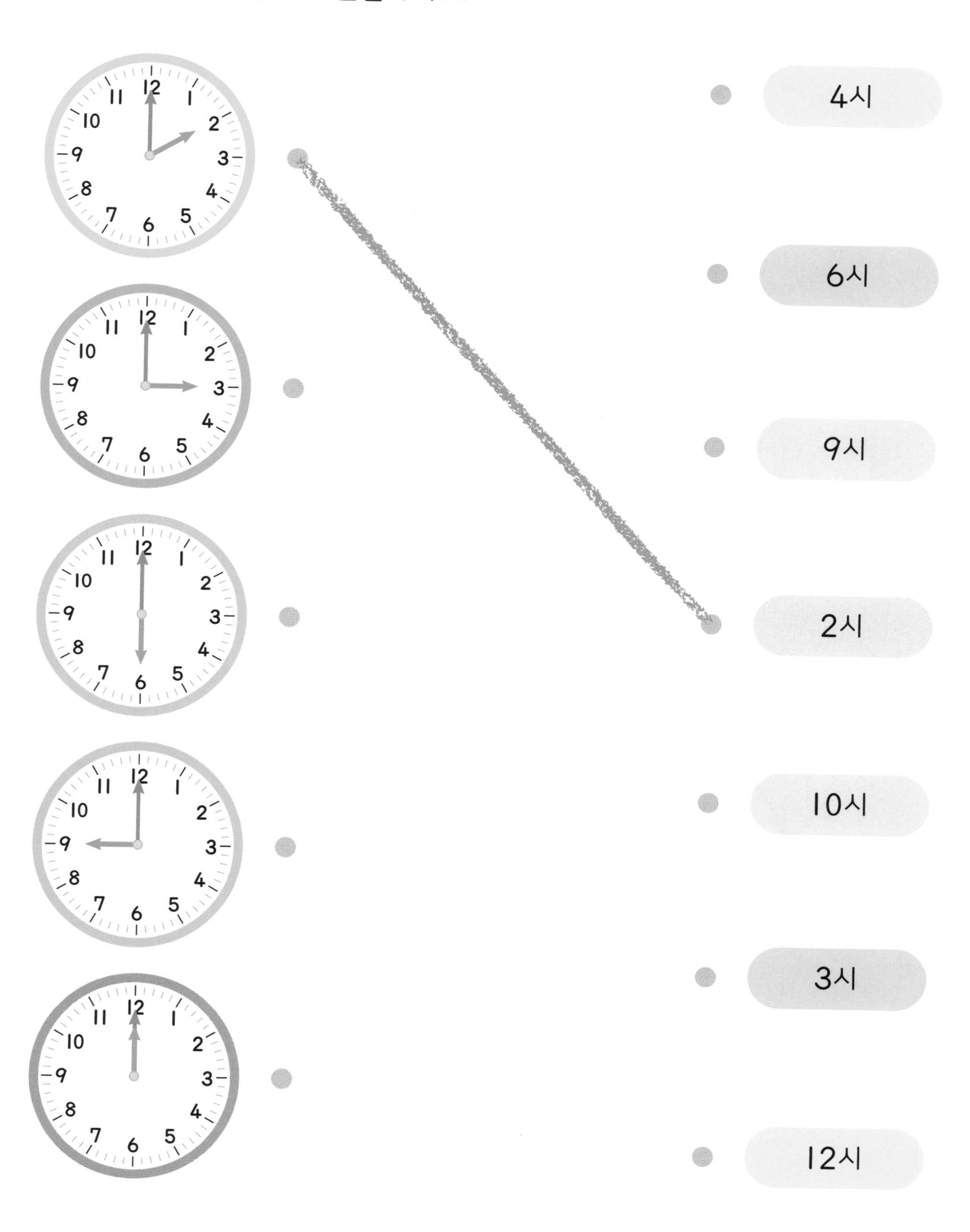

개념 다지기 1

몇 시인지 바르게 나타낸 시계에 ○표 하세요.

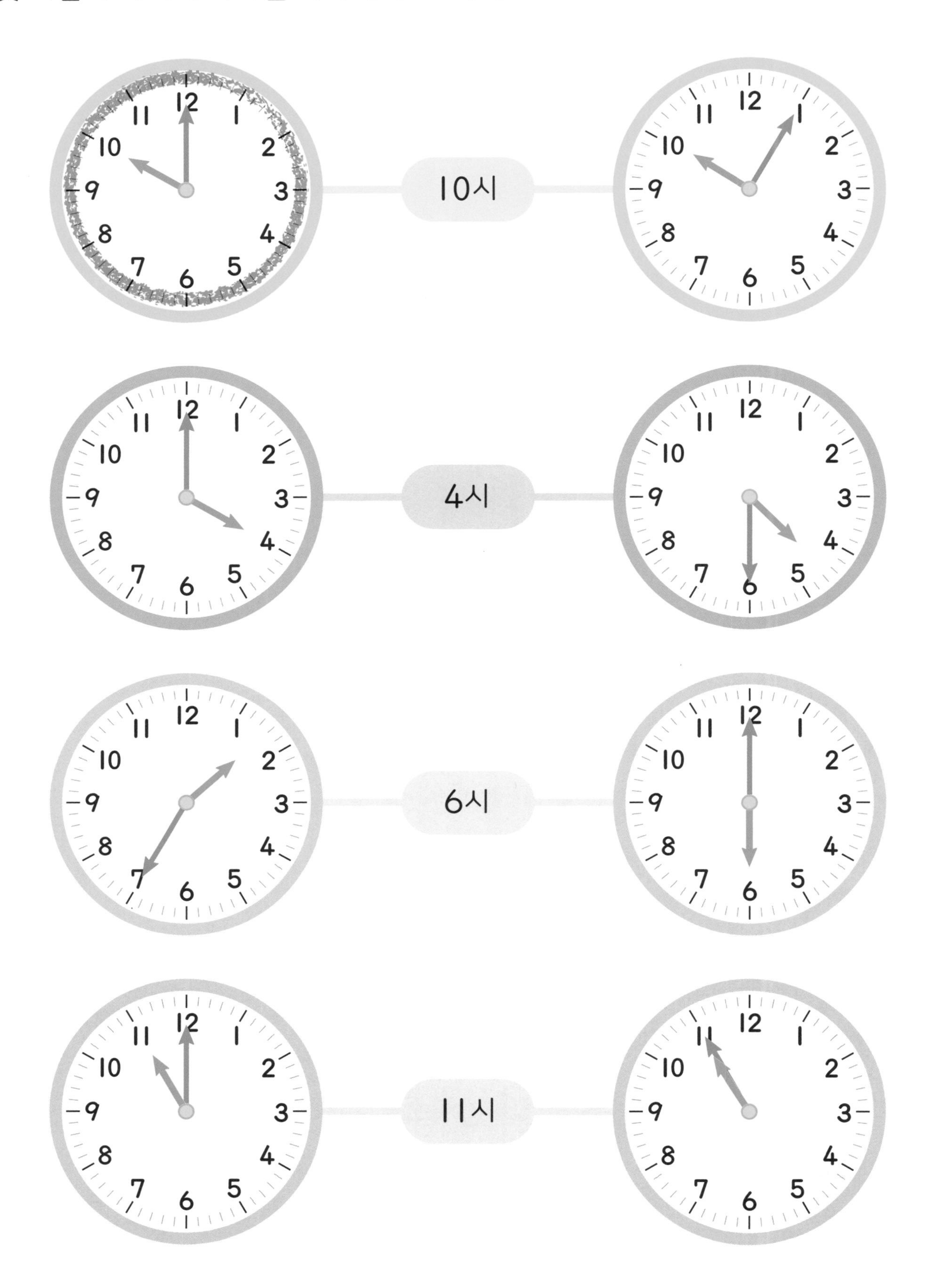

개념 다지기 2

시계를 보고 몇 시인지 쓰세요.

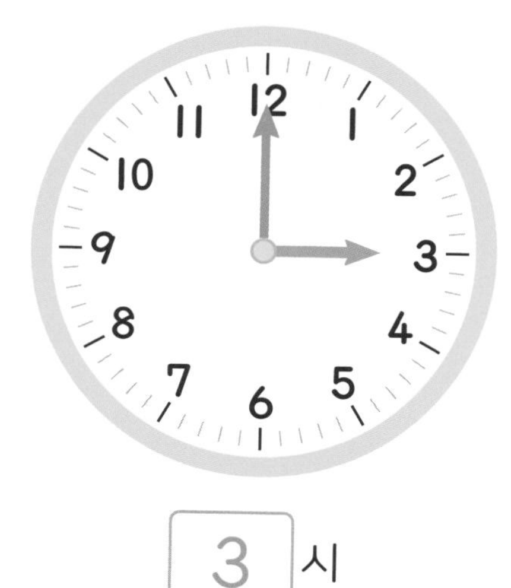

3 시

시

시

시

시

시

개념 마무리 1

시계를 바르게 읽은 것에 ○표, 틀린 것에 X표 하세요.

개념 마무리 2

자를 사용하여 시계에 바늘을 알맞게 그려 보세요.

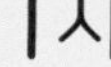

1시

3시

7시

4시

2시

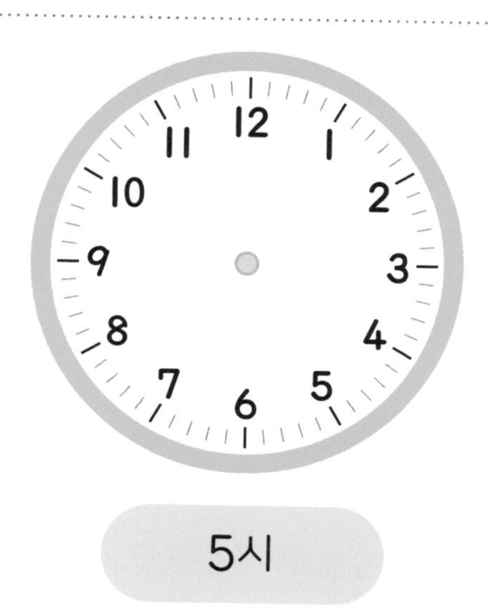

5시

2 시계에 있는 수

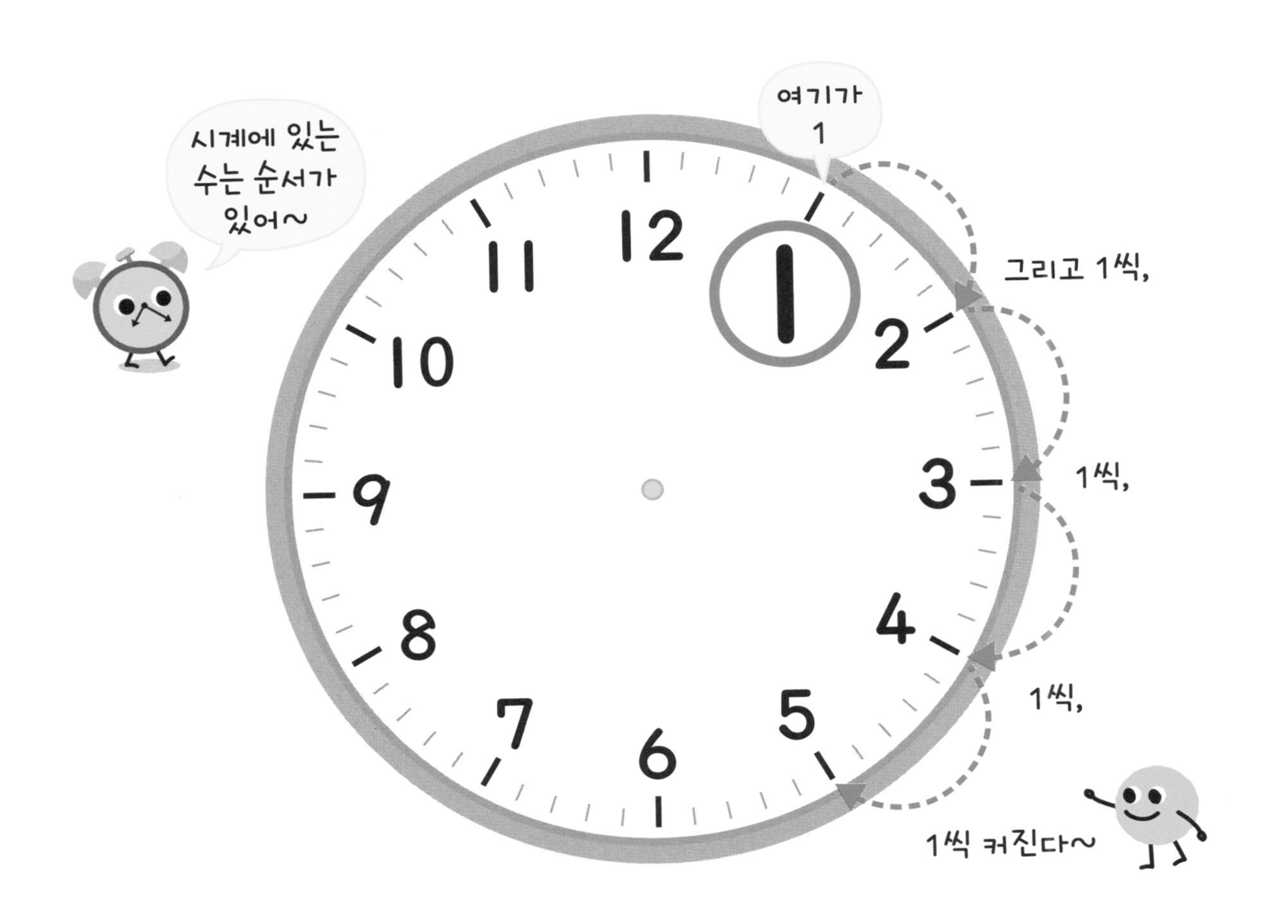

시계에 있는 수는 순서가 있어~
여기가 1
그리고 1씩,
1씩,
1씩,
1씩 커진다~
12
1
2
3
4
5
6
7
8
9
10
11

개념 익히기 1

시계에 수를 알맞게 쓰세요.

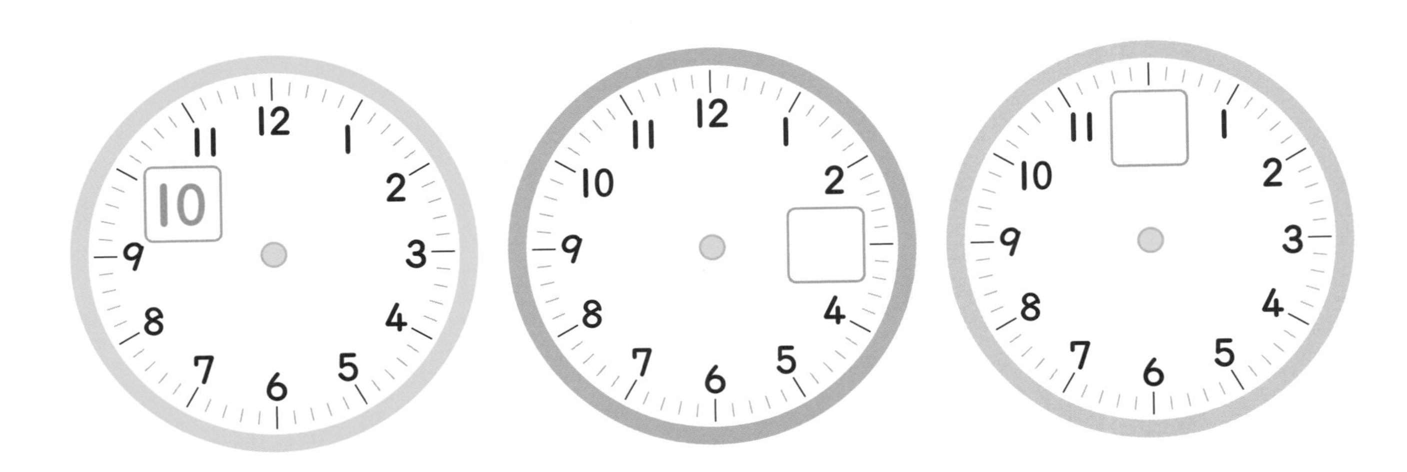

10

개념 익히기 2

시계에 수를 알맞게 쓰세요.

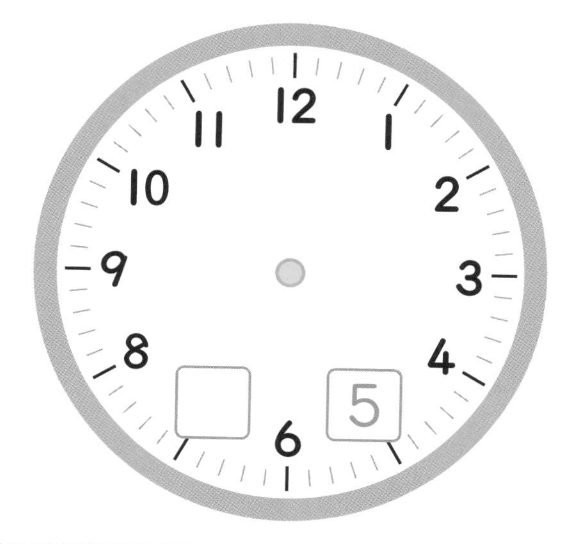

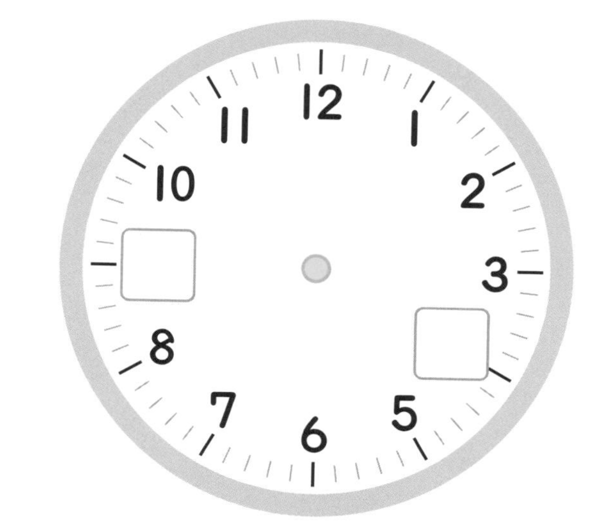

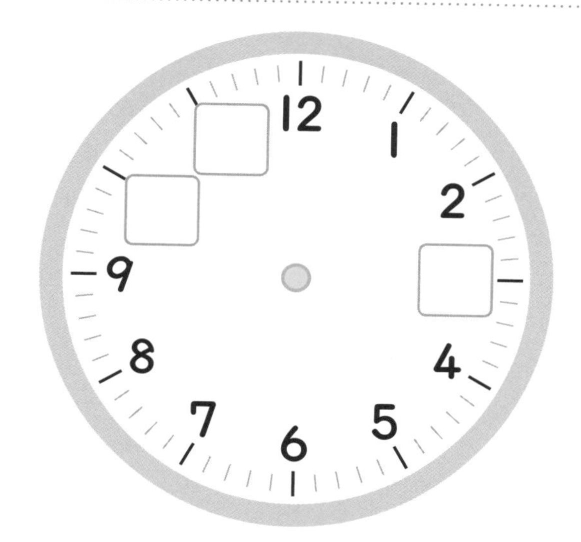

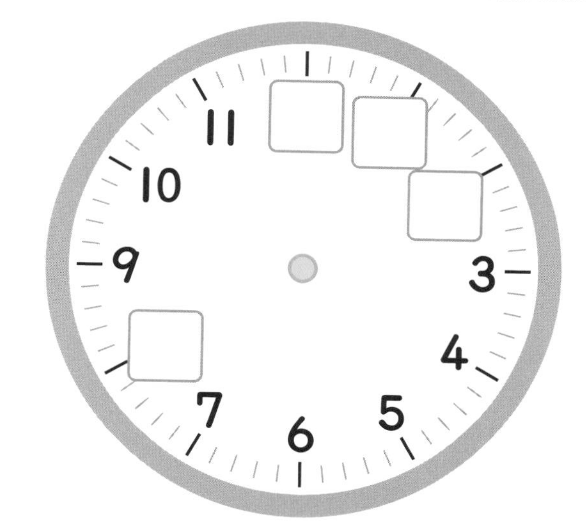

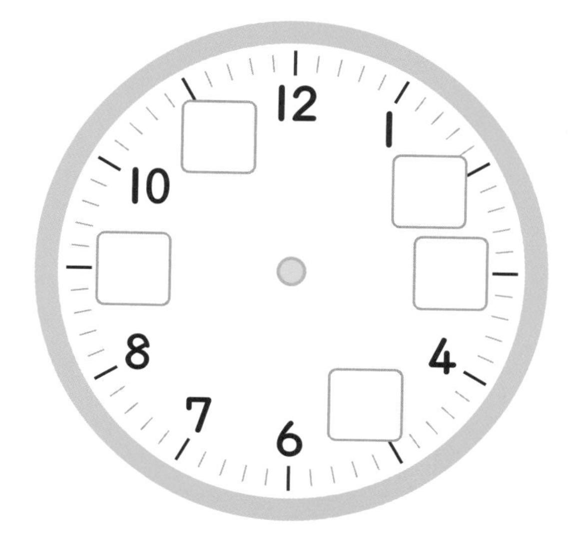

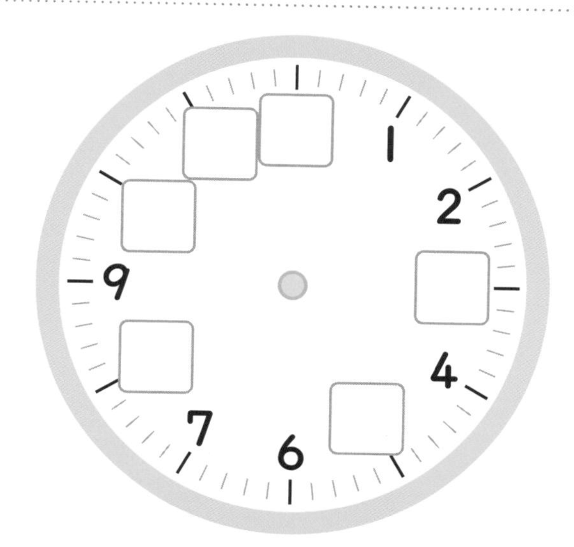

개념 다지기 1

시계에 빈칸을 채우고, 9시가 되도록 시계에 바늘을 그리세요.

개념 다지기 2

틀린 부분에 X표 하고, 바르게 고치세요.

개념 마무리 1

우리 주변에는 수가 없는 시계도 있어요. 수가 없는 시계를 읽어 보세요.

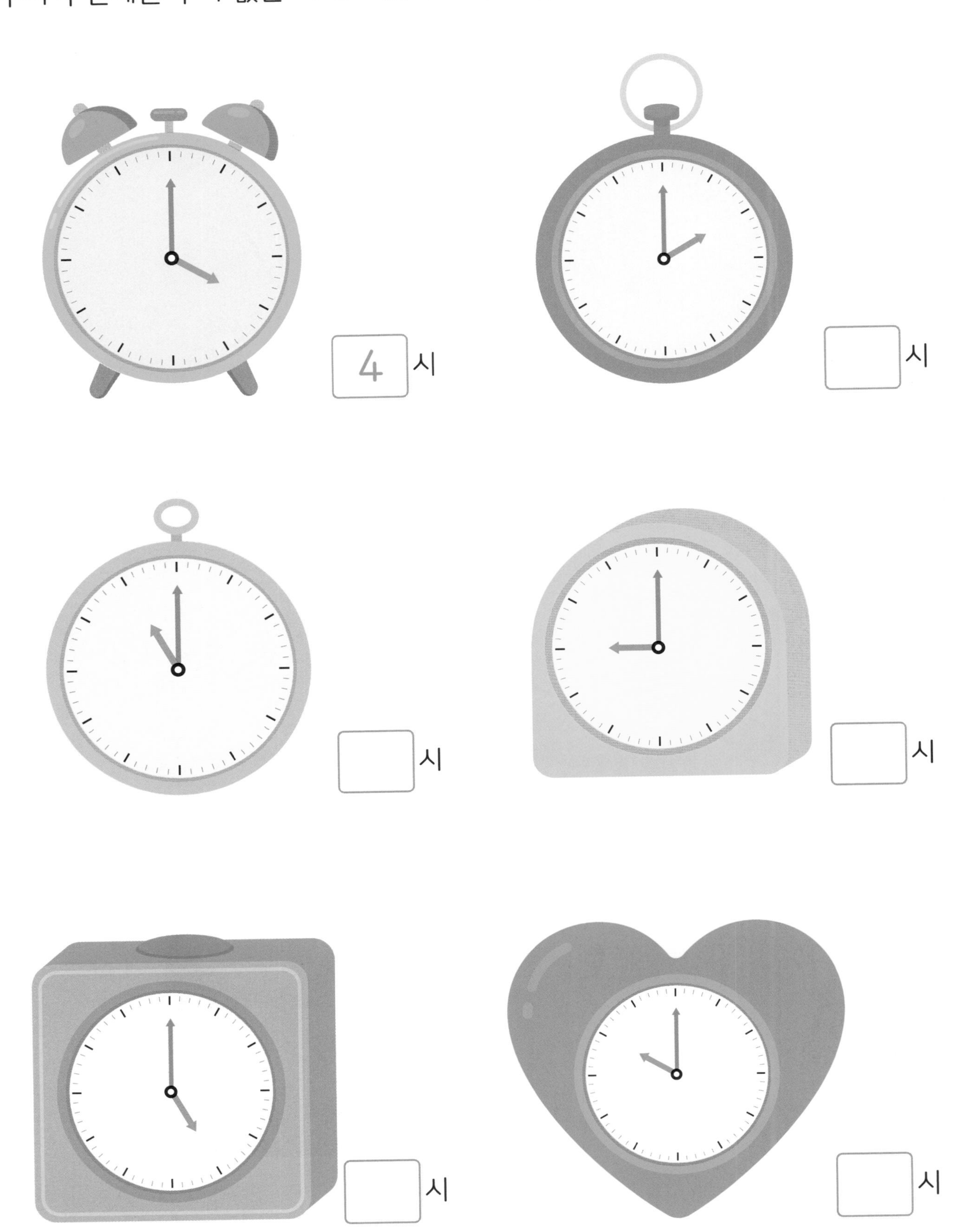

개념 마무리 2

자를 사용하여 시계에 바늘을 알맞게 그려 보세요.

3 □시간

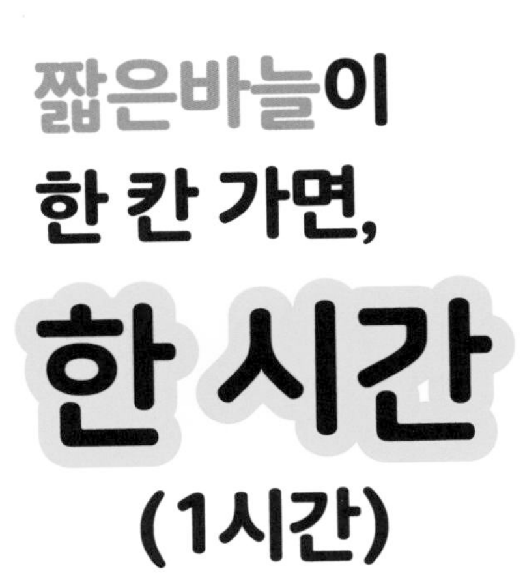
짧은바늘이
한 칸 가면,
한 시간
(1시간)

1칸

한 시간 동안
씻고, 밥 먹고, 챙기고
학교에 갈 준비를 해~

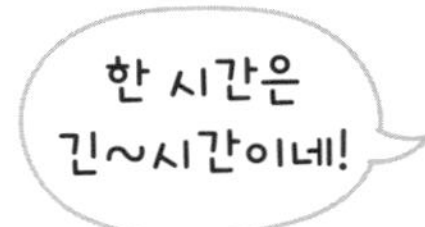
한 시간은
긴~시간이네!

개념 익히기 1

한 시간 동안 하기에 알맞은 것에 ○표 하세요.

양치질을 **한 시간** 동안 해요.	영화를 **한 시간** 동안 봐요.	수영장에서 **한 시간** 동안 수영을 해요.
놀이터에서 **한 시간** 동안 놀아요.	오줌을 **한 시간** 동안 눠요.	초인종 소리를 듣고 문을 열어 주러 **한 시간** 동안 가요.

개념 익히기 2

1시간이 지난 후의 시계를 그리고, 빈칸을 채우세요.

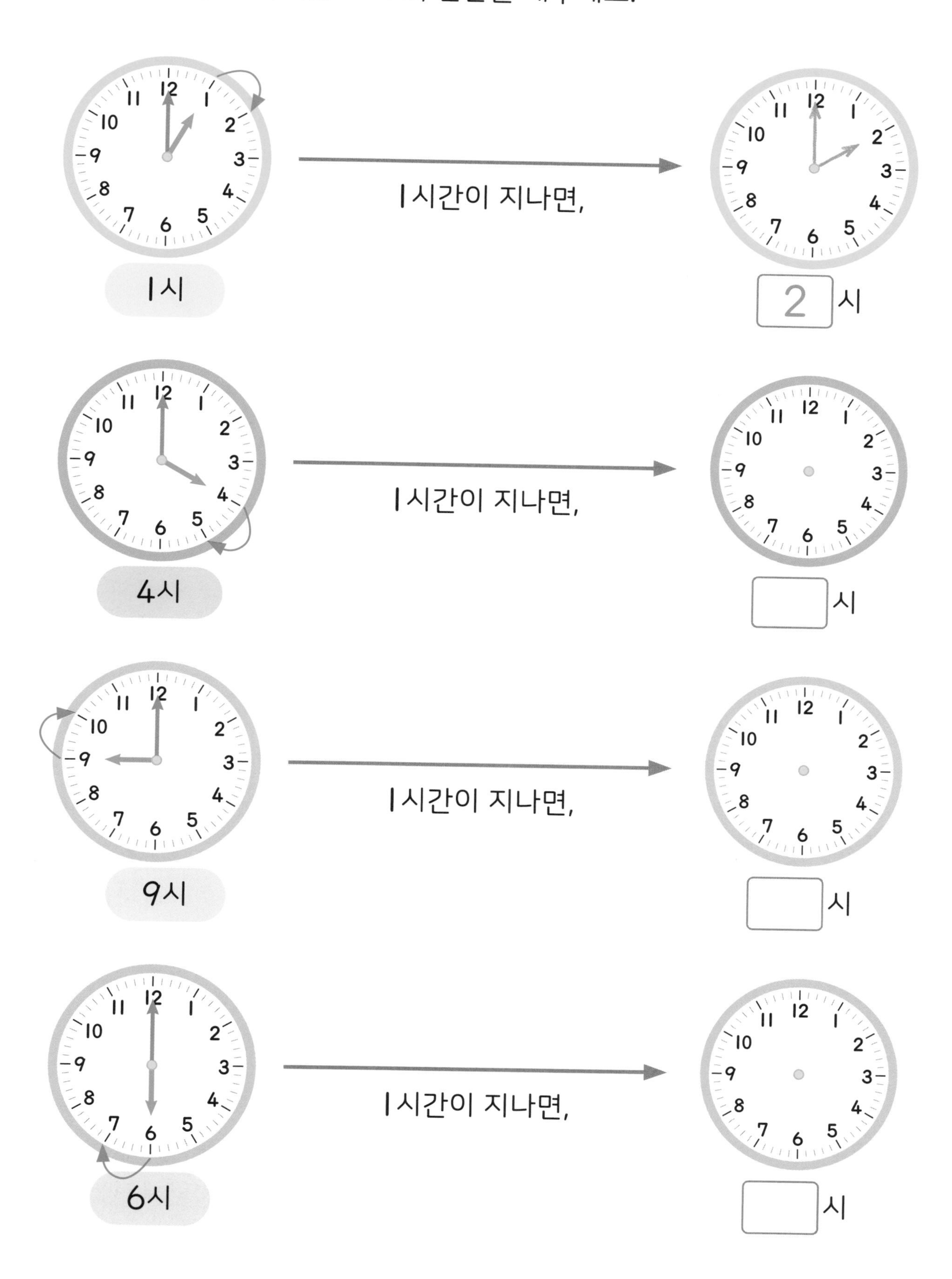

개념 다지기 1

2시간이 지난 후의 시계를 그리고, 빈칸을 채우세요.

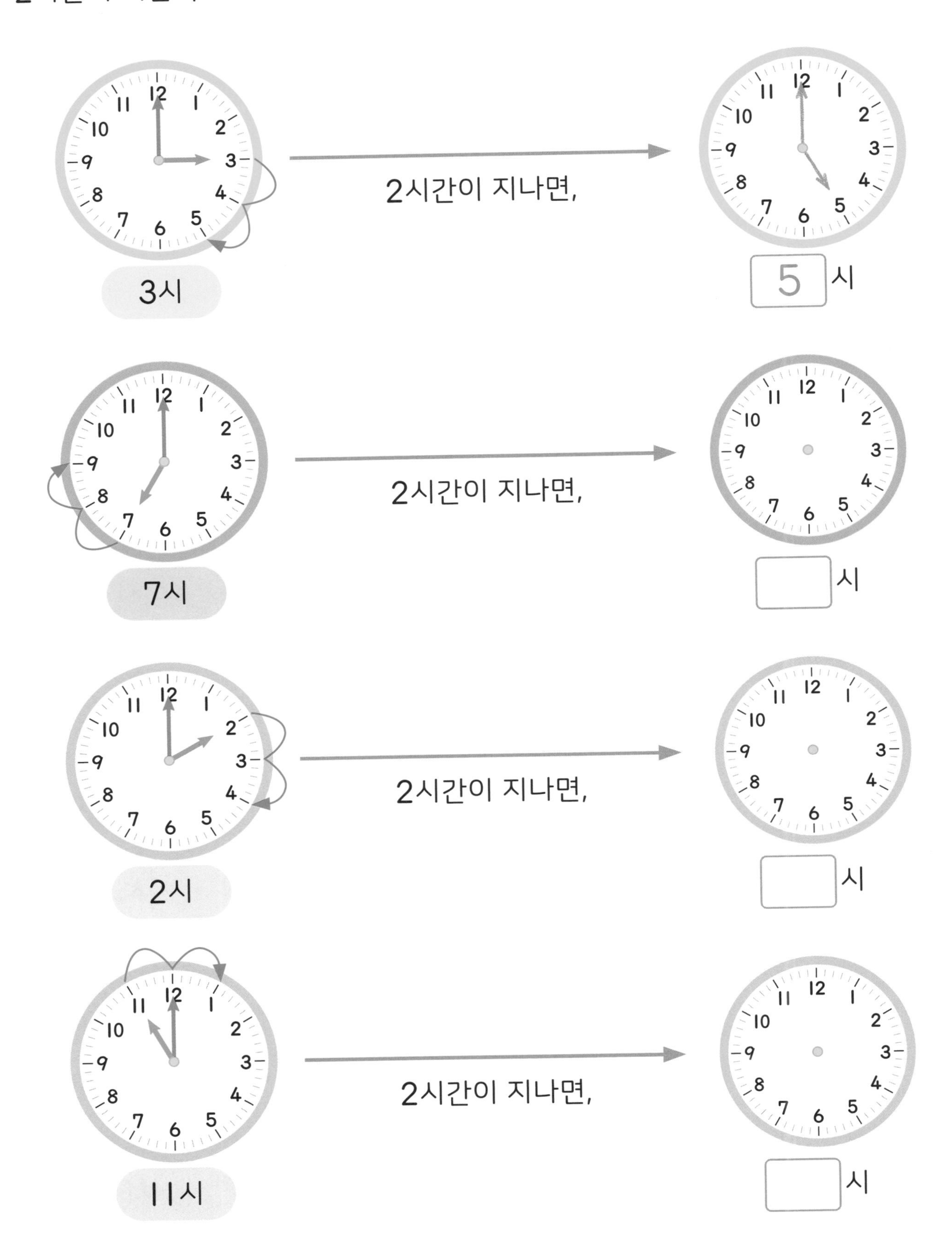

개념 다지기 2

3시간이 지난 후의 시계를 그리고, 빈칸을 채우세요.

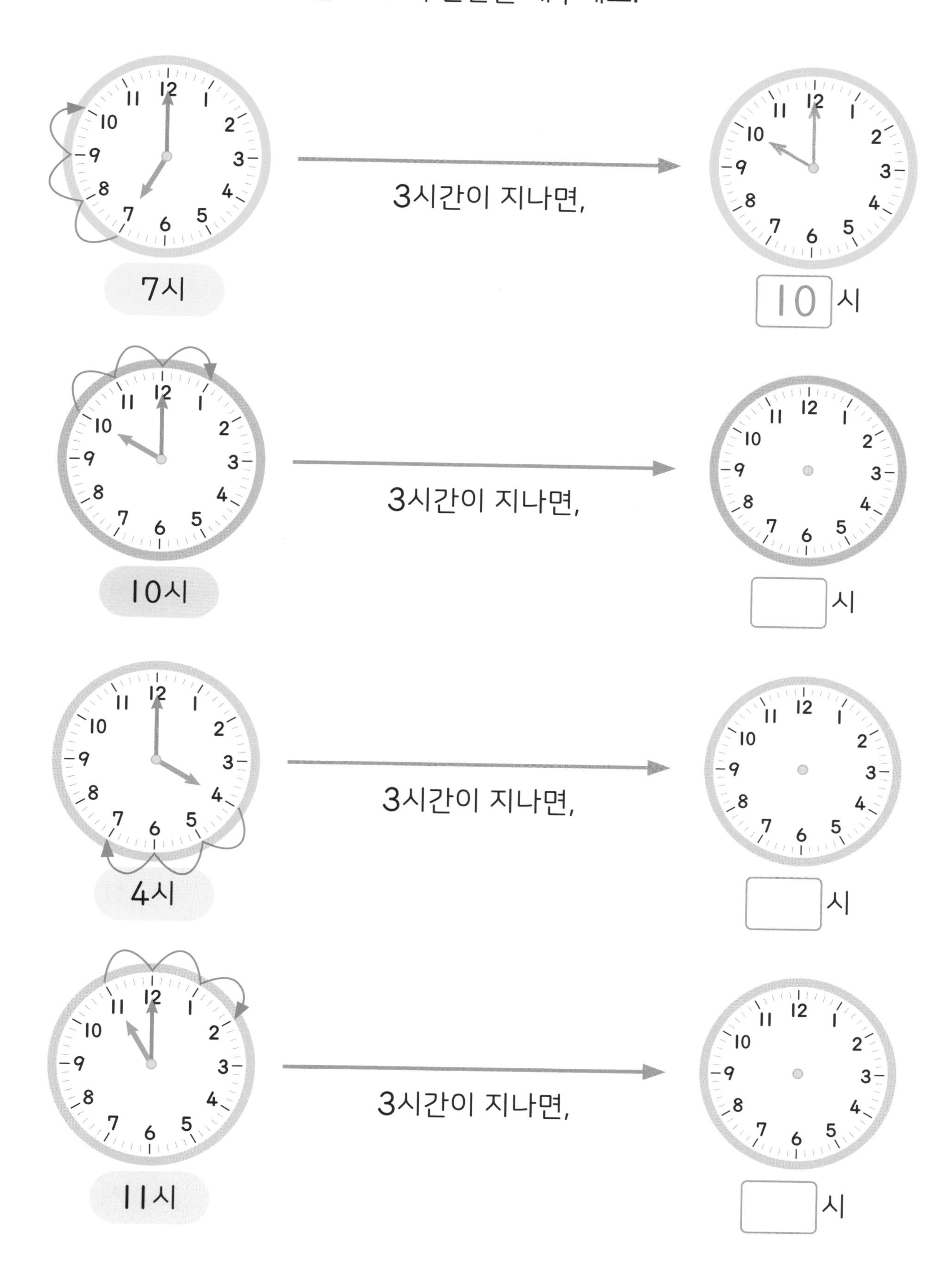

개념 마무리 1

시계를 알맞게 그리고, 빈칸을 채우세요.

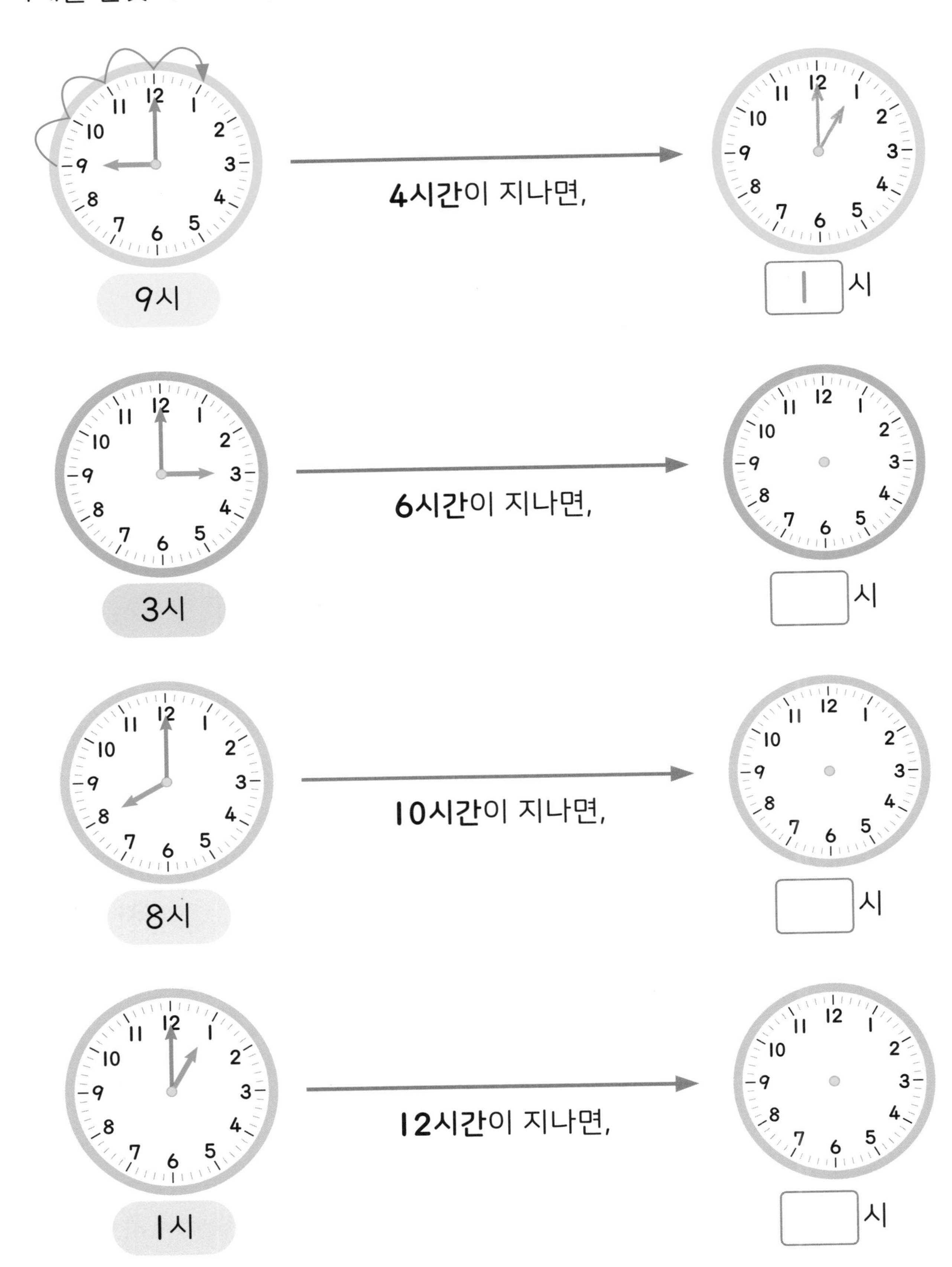

개념 마무리 2

빈칸을 알맞게 채우세요.

10시 → 2시간이 지나면, [12] 시 → 1시간이 지나면, [1] 시

9시 → 3시간이 지나면, [ ] 시

11시 → 1시간이 지나면, [ ] 시 → 1시간이 지나면, [ ] 시

11시 → 3시간이 지나면, [ ] 시

8시 → 3시간이 지나면, [ ] 시 → 2시간이 지나면, [ ] 시

10시 → 4시간이 지나면, [ ] 시 → 4시간이 지나면, [ ] 시

4 □시 30분

짧은바늘은
2와 3의 딱! 가운데에~
읽을 때는 먼저 나온 수에
시를 붙여!

긴~ 바늘이
6을 가리키면,
30분이라고 읽어!

2시 30분 2시와 3시의 딱! 중간

개념 익히기 1

시계를 보고 빈칸을 알맞게 채우세요.

4시 [30] 분

10시 [ ] 분

1시 [ ] 분

개념 익히기 2

시계를 보고 빈칸을 알맞게 채우세요.

8 시 30분

☐ 시

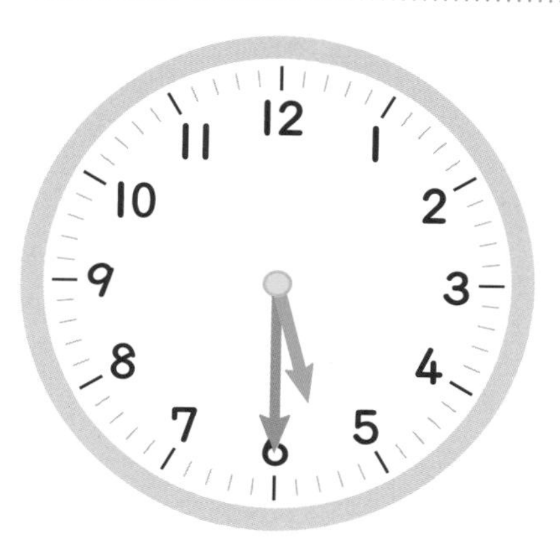

☐ 시 30분

☐ 시 30분

☐ 시 30분

☐ 시

개념 다지기 1

자를 사용하여 시계에 짧은바늘을 알맞게 그려 보세요.

12시 30분

9시 30분

4시 30분

11시 30분

7시 30분

1시 30분

개념 다지기 2

시계를 읽어 보세요.

➡ 6시 30분

➡

➡

➡

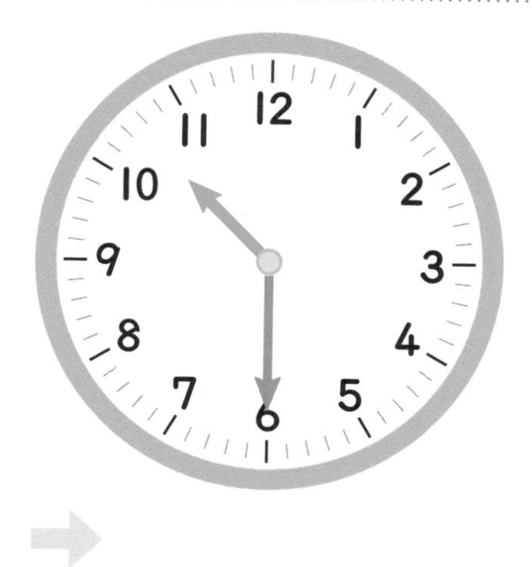

➡

➡

개념 마무리 1

자를 사용하여 시계에 바늘을 알맞게 그려 보세요.

3시 30분

5시 30분

11시 30분

2시

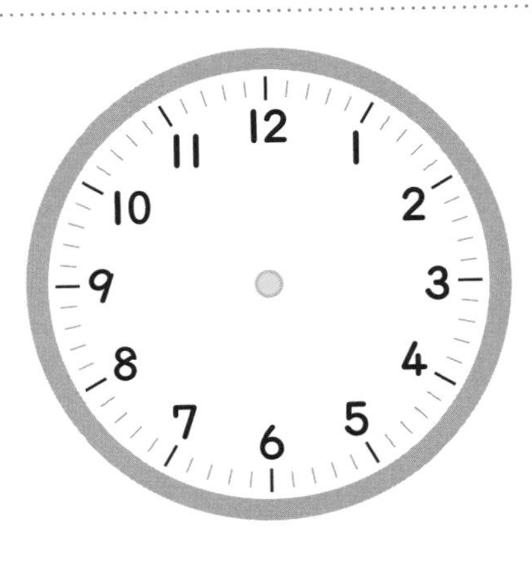

9시 30분

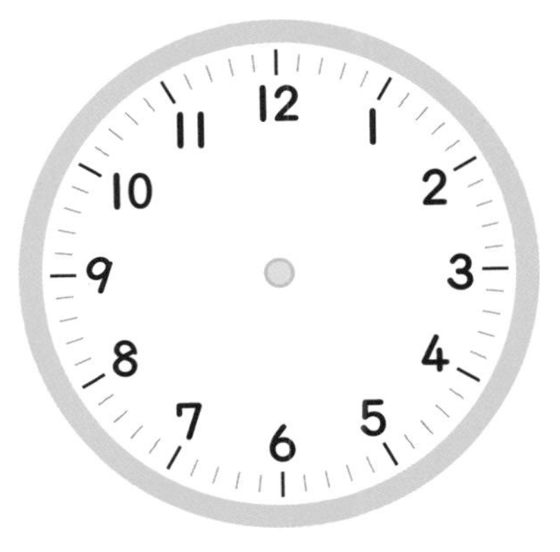

12시 30분

개념 마무리 2

시계에 바늘을 알맞게 그리고, 시계를 읽어 보세요.

4시와 5시의
한가운데의 때는?

➡ 4시 30분

2시와 3시의
한가운데인 때는?

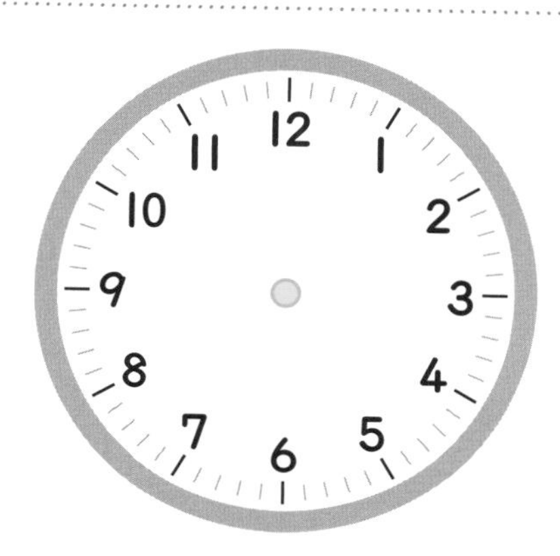

➡

6시와 7시의
딱 중간은?

➡

10시와 11시의 정확히
한가운데는?

➡

5 30분

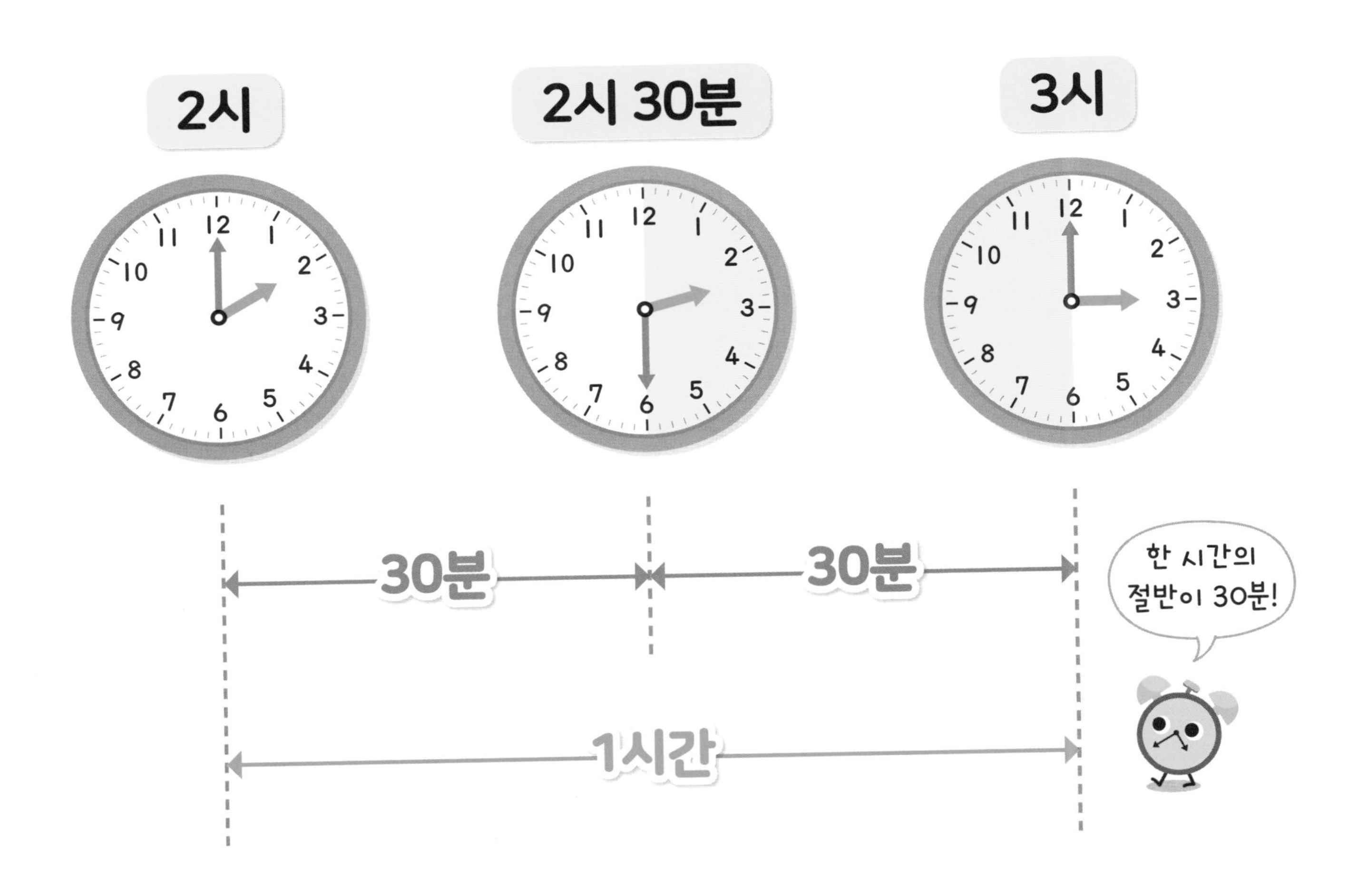

개념 익히기 1

30분씩 지나도록 빈칸을 채우세요.

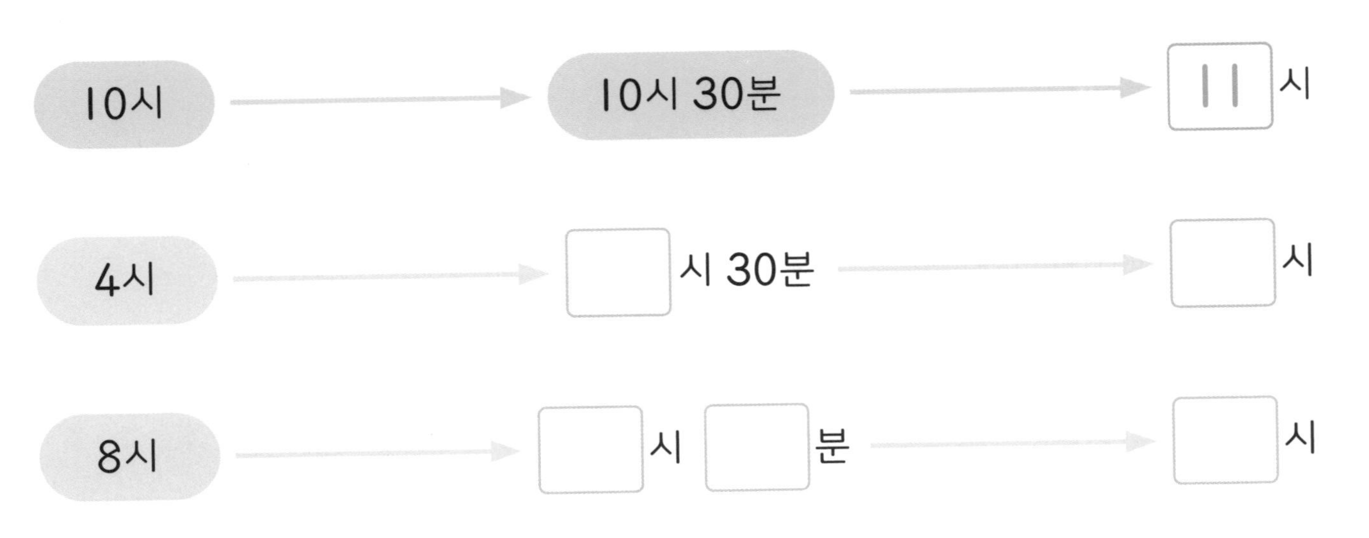

개념 익히기 2

30분이 지난 때를 시계에 나타내고, 시계를 읽어 보세요.

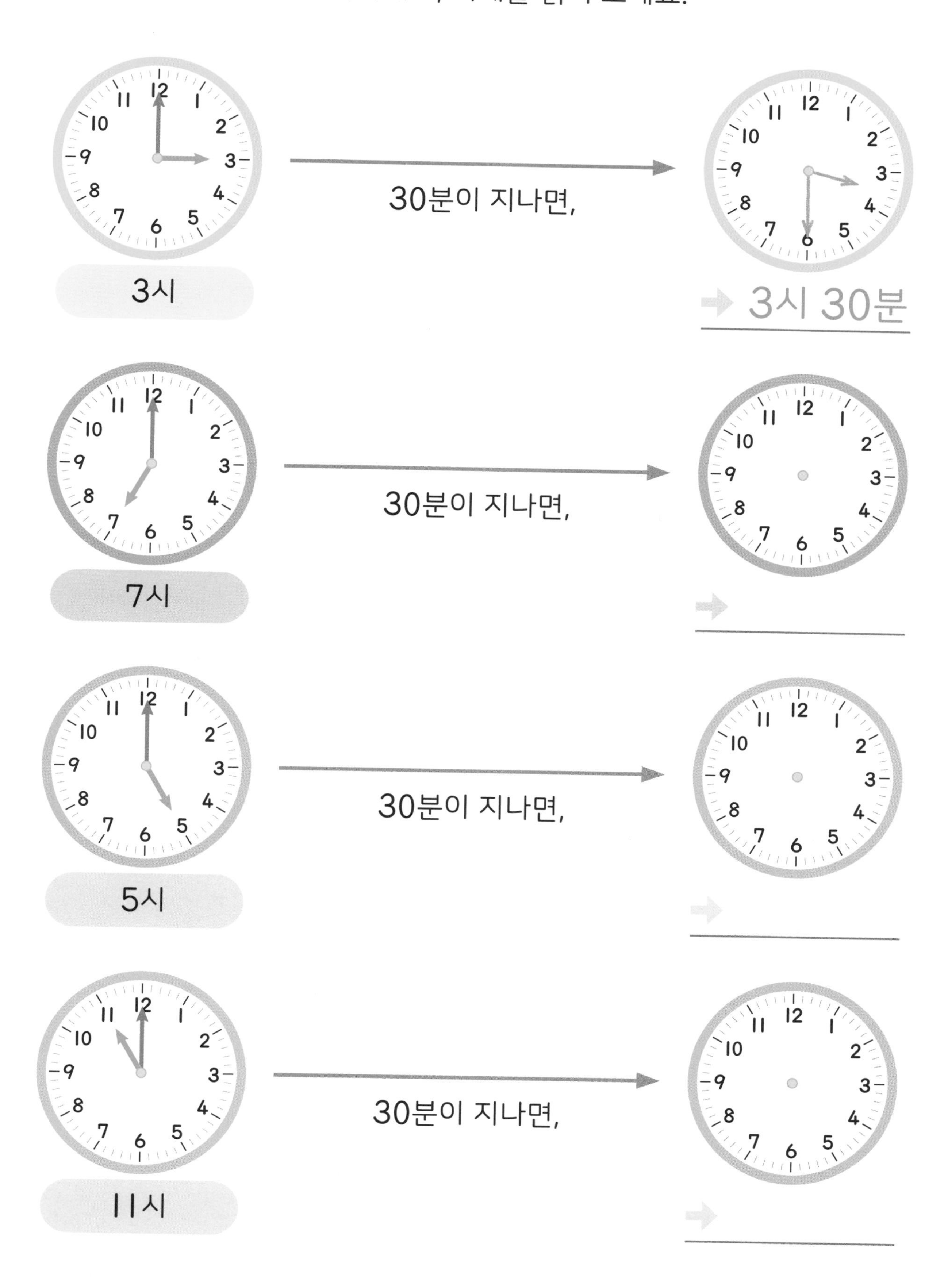

개념 다지기 1

시계에 바늘을 알맞게 그리고, 빈칸을 채우세요.

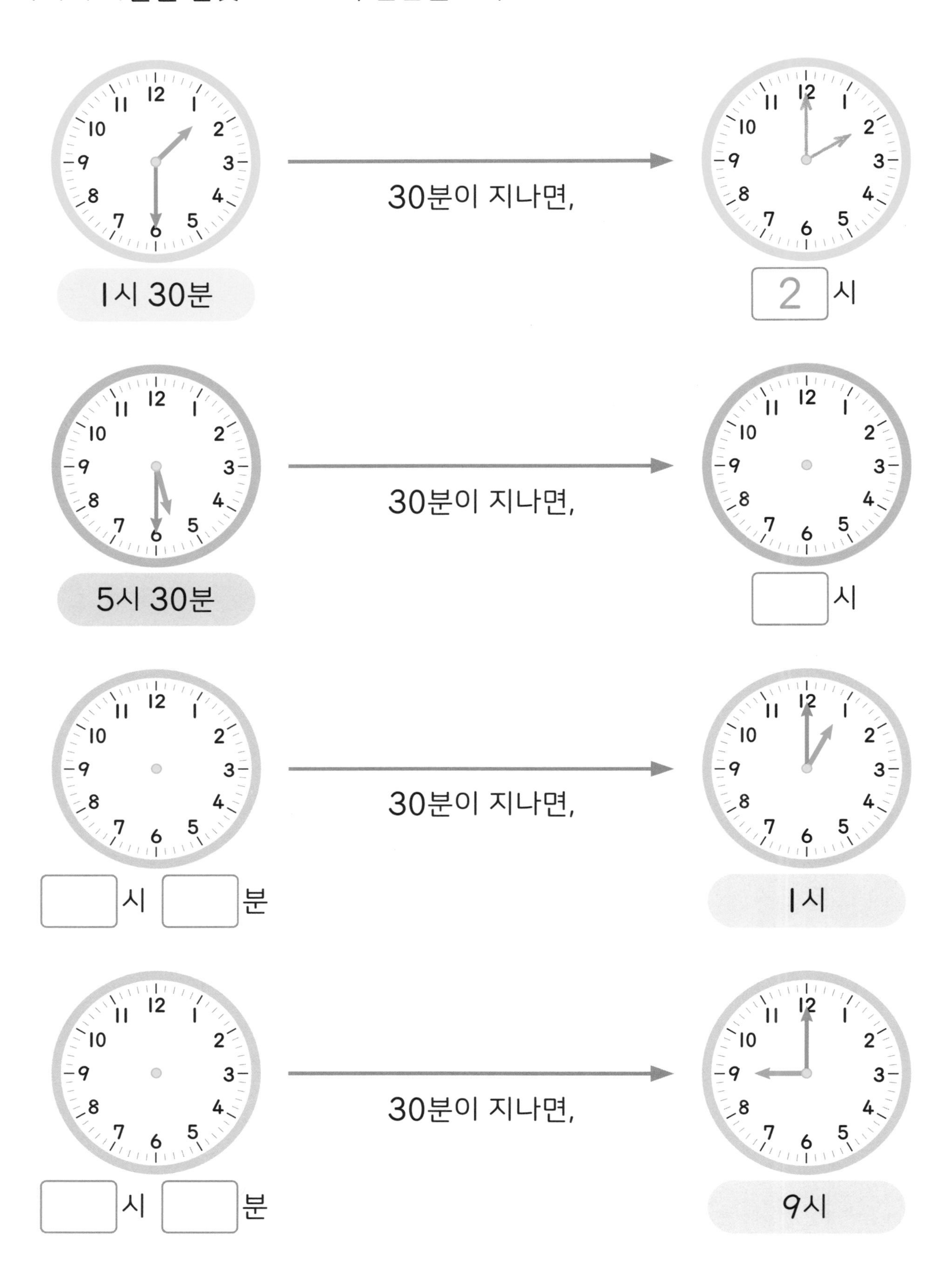

개념 다지기 2

30분씩 지난 때를 시계에 나타내고, 시계를 읽어 보세요.

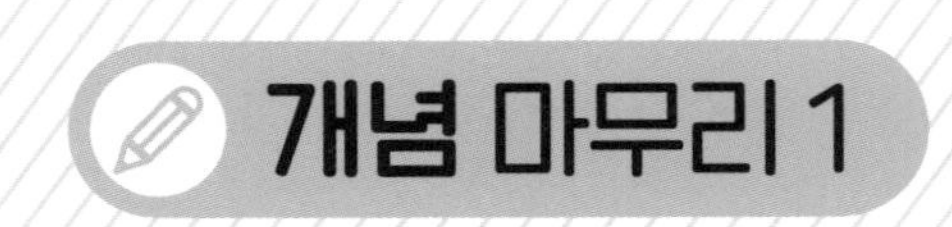

30분 간격으로 나타낼 때 **잘못된** 것을 찾아서 X표 하고, 바르게 고치세요.

2시 30분	3시	4시 30분	4시	4시 30분
		3시 30분		

11시	12시 30분	12시	12시 30분	1시

12시 30분	12시	1시 30분	2시	2시 30분

8시	8시 30분	9시	9시 30분	11시

개념 마무리 2

1시부터 30분 간격으로 나타낸 시계를 찾을 때, 시계에 붙은 글자를 순서대로 쓰세요.

나	

				!

단원 마무리

1

자를 사용하여 3시가 되도록 시계를 그리시오.

2

관계있는 것끼리 선으로 연결하시오.

2시 8시 30분 11시 7시 30분

3

5시부터 2시간 동안 춤 연습을 했습니다.
춤 연습이 끝난 때는 언제입니까?

➡

맞은 개수 6개	매우 잘했어요.
맞은 개수 5개	실수한 문제를 확인하세요.
맞은 개수 4개	틀린 문제를 2번씩 풀어 보세요.
맞은 개수 1~3개	앞부분의 내용을 다시 한번 확인하세요.

4

자를 사용하여 4시 30분이 되도록 시계를 알맞게 그리시오.

5

8시 30분에서 1시간이 지난 때를 나타내는 시계에 ○표 하시오.

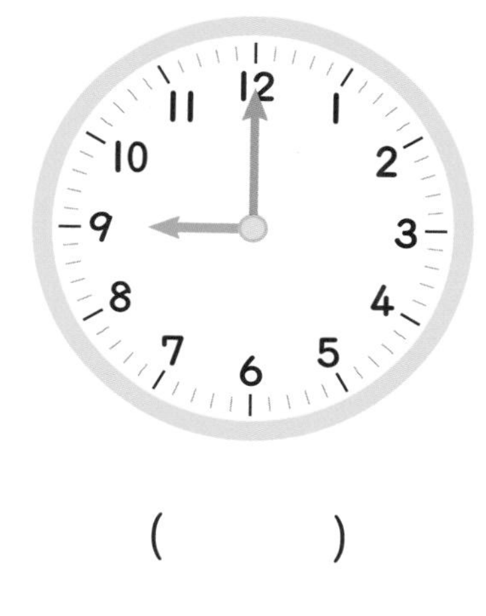

(　　　)　(　　　)　(　　　)

6

수영이와 진희는 2시와 3시의 정확히 한가운데인 때에 만나기로 했습니다. 수영이와 진희가 만나는 때는 언제입니까?

➡

2 몇 시 몇 분

이 단원에서 배울 내용

1. 5씩 뛰어 세기
2. 시 △분
3. □시 △분
4. 시간의 순서
5. 시계를 보는 다른 방법
6. 한 시간

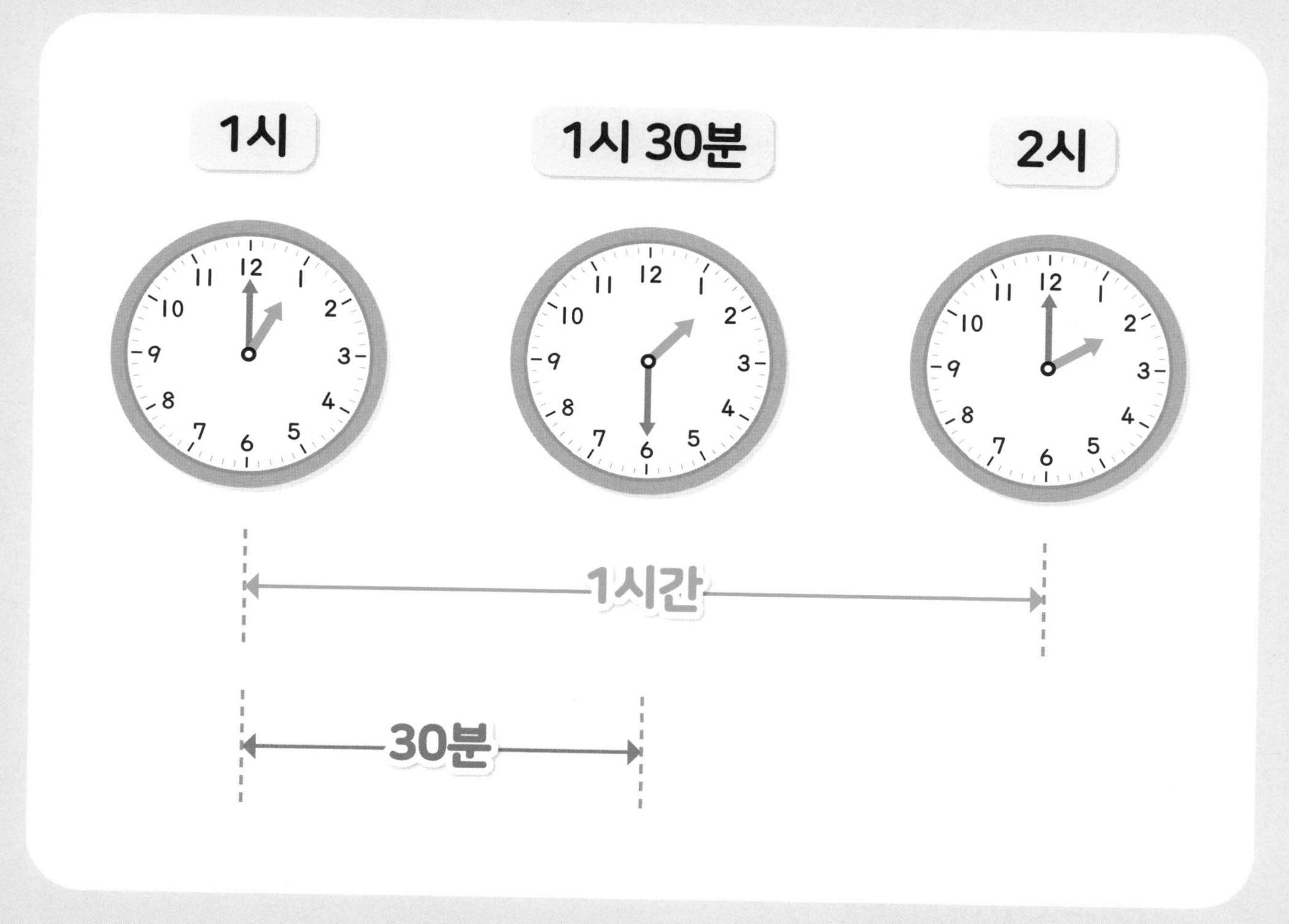
1시
1시 30분
2시
1시간
30분

1시간도 길고,
30분도 길어…!
더 짧은 시간을
알려줄게~

1 5씩 뛰어 세기

• 친구들과 손바닥 도장을 찍으면~

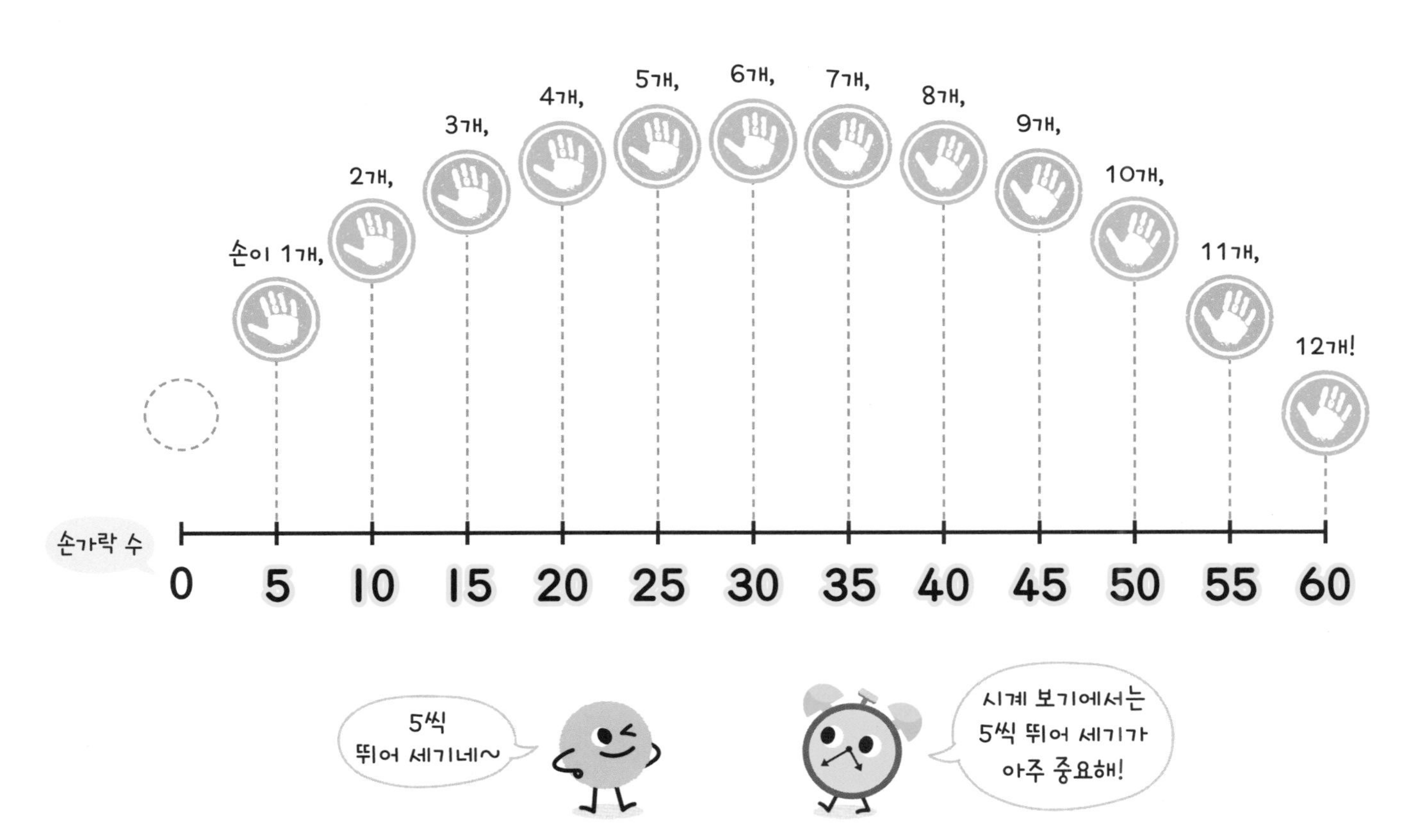

개념 익히기 1

5씩 뛰어 세기를 하며 빈칸을 채우세요.

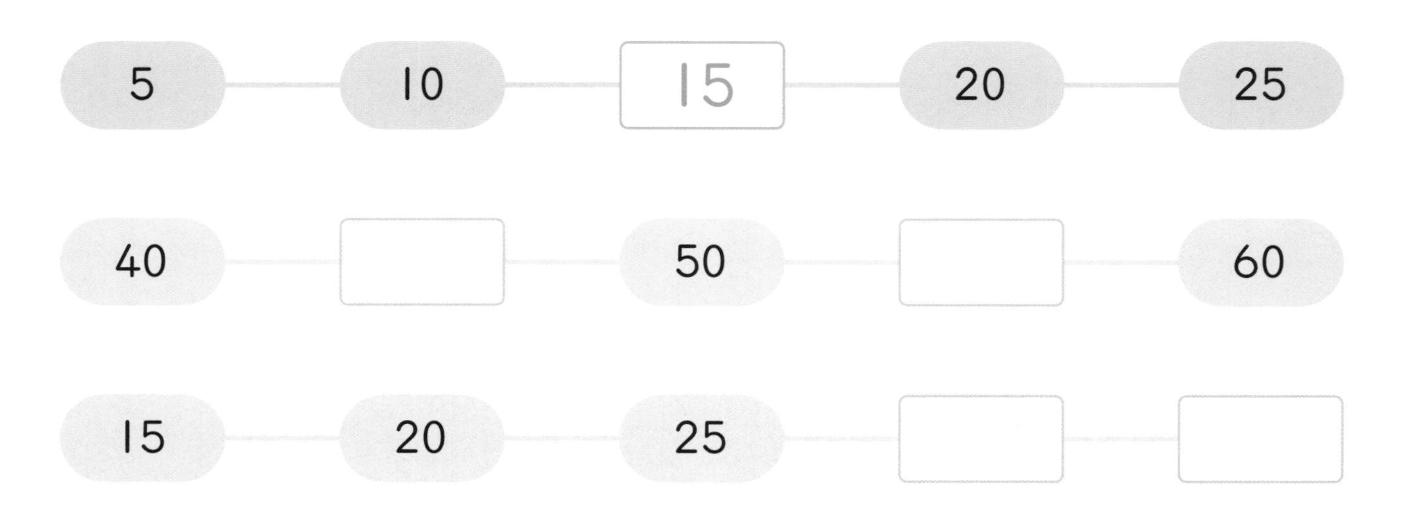

개념 익히기 2

5씩 뛰어 세기를 하면서 빈칸을 알맞게 채우세요.

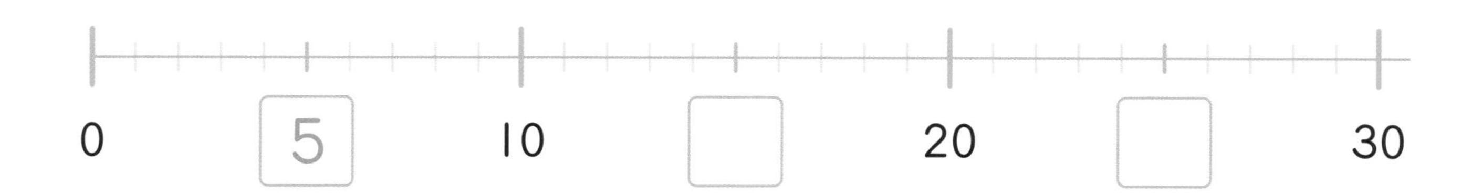

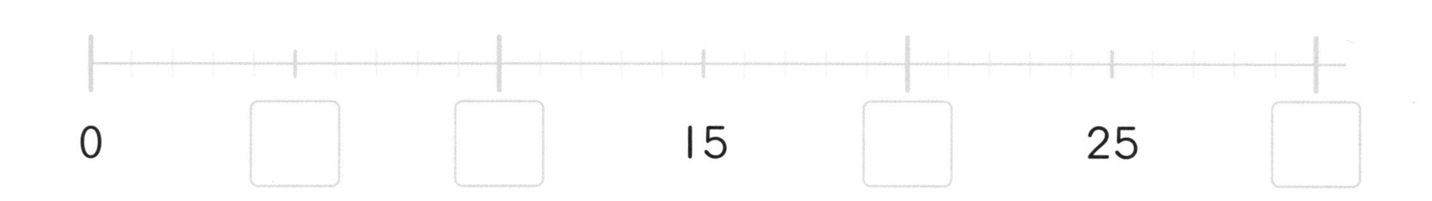

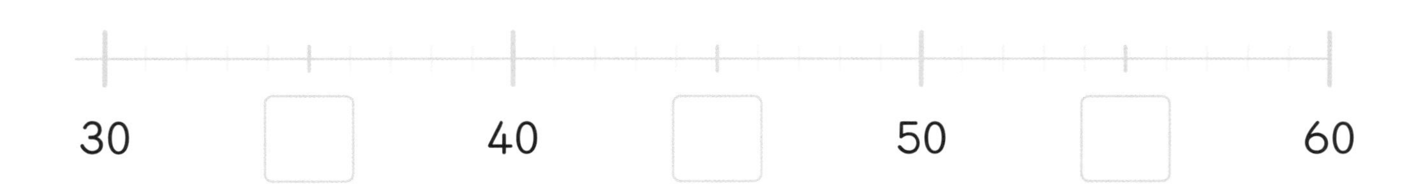

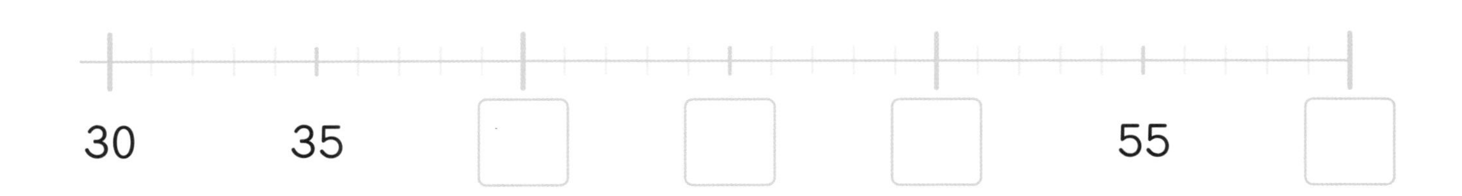

개념 다지기 1

5씩 뛰어서 센 수를 순서대로 연결하세요.

개념 다지기 2

5씩 뛰어 세기에서 틀린 곳을 찾아서 X표 하고, 바르게 고치세요.

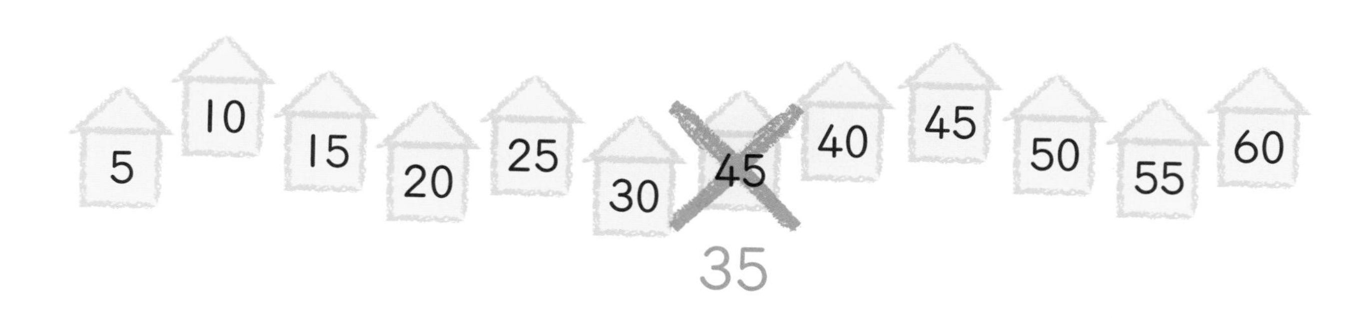

규칙에 맞게 빈칸을 채우세요.

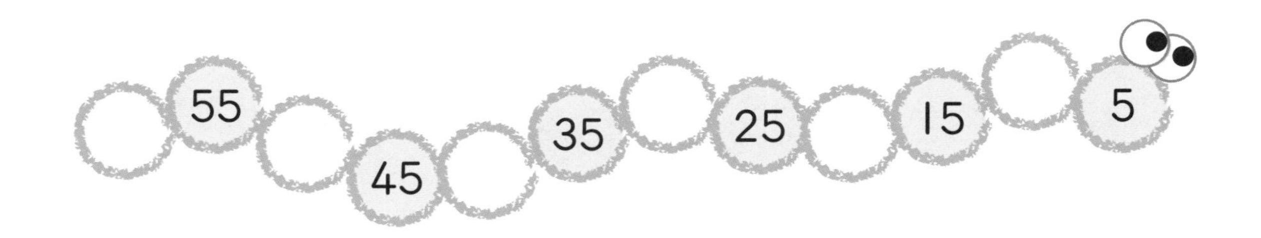

개념 마무리 2

눈금의 간격이 5로 일정할 때, 빈칸을 알맞게 채우세요.

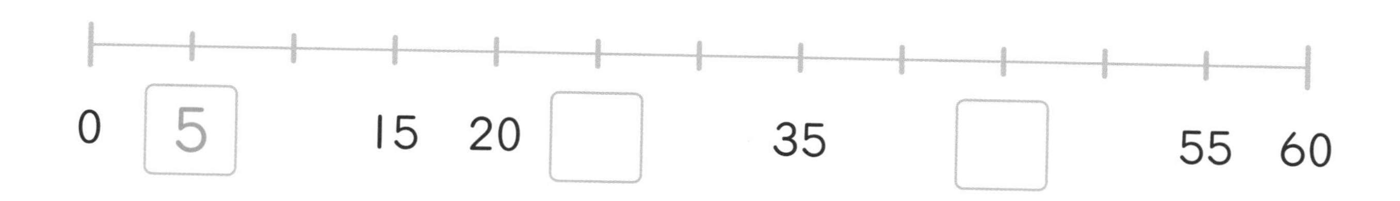

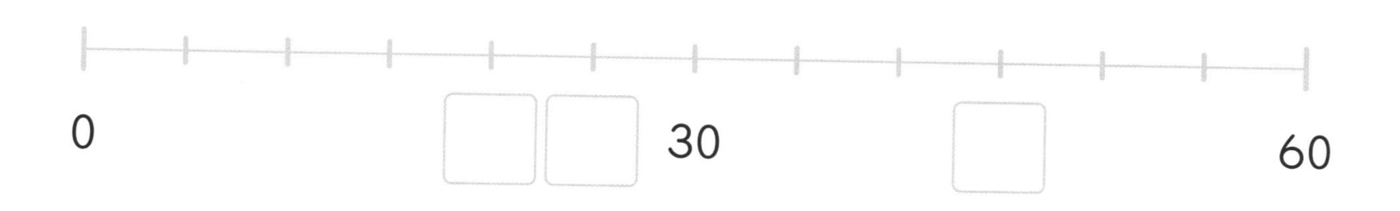

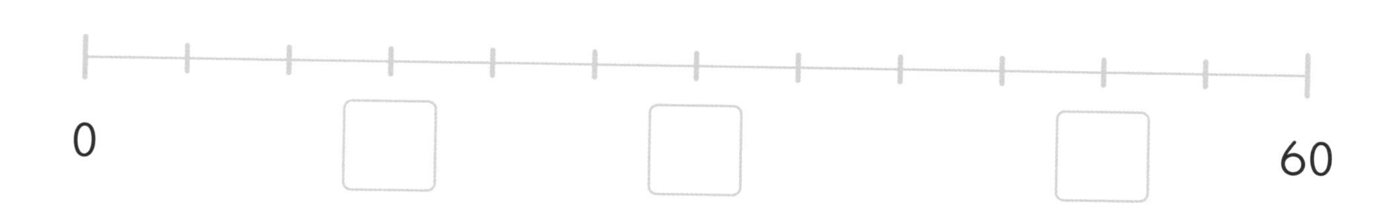

짧은바늘을 보고 읽기!
긴바늘을 보고 읽기!
□시 △분
긴바늘을 보고 몇 분인지 읽는 방법을 알려줄게~

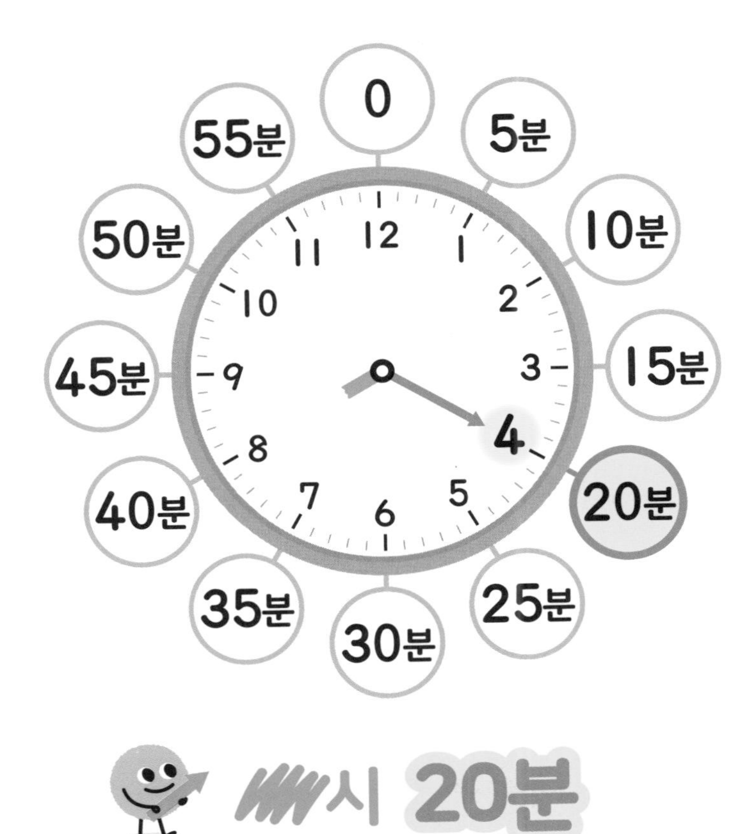

시 20분

개념 익히기 1

시계를 5분 단위로 읽을 때, 빈칸을 알맞게 채우세요.

개념 익히기 2

빈칸을 알맞게 채우세요.

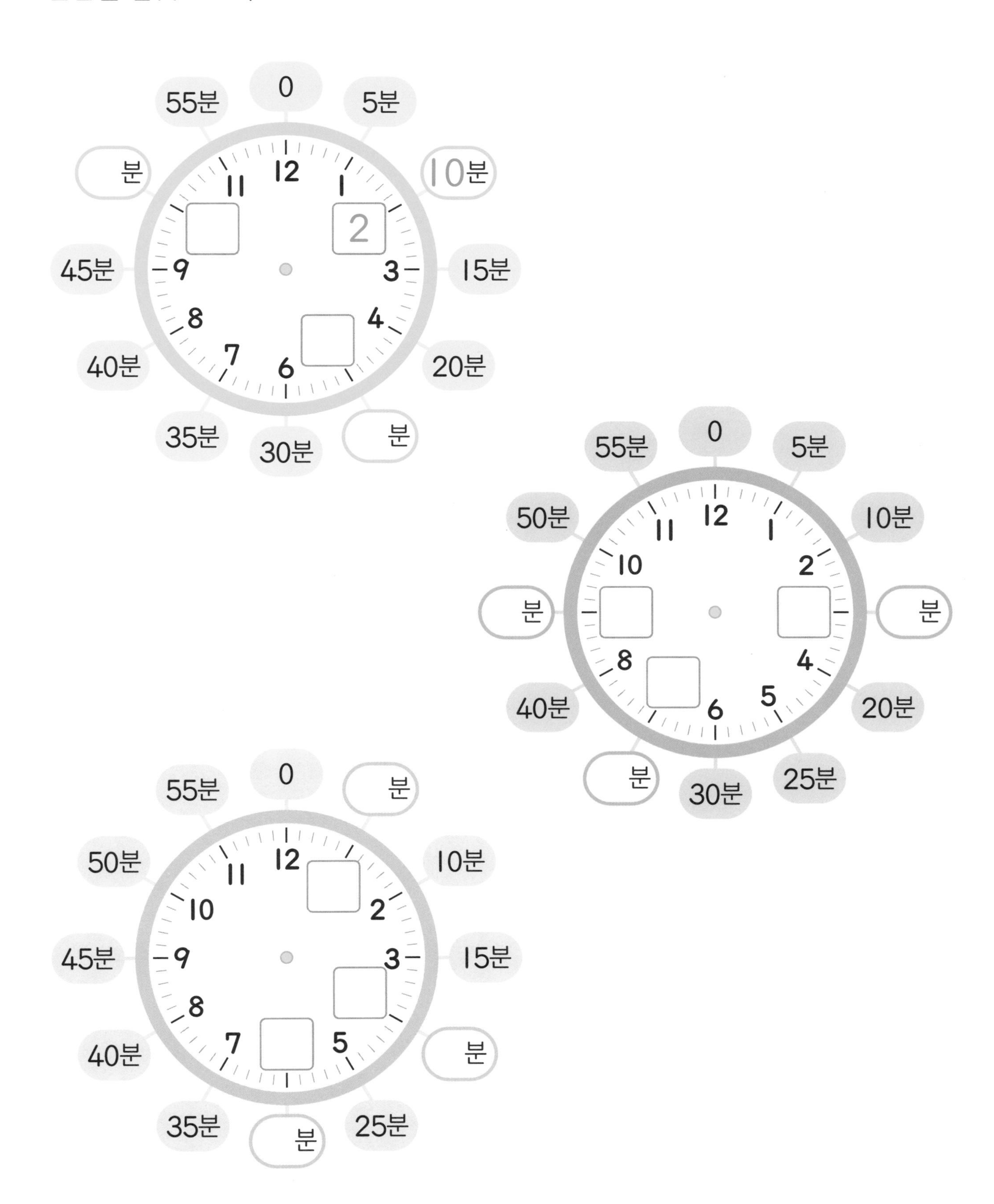

개념 다지기 1

(　) 안에 알맞은 수를 쓰세요.

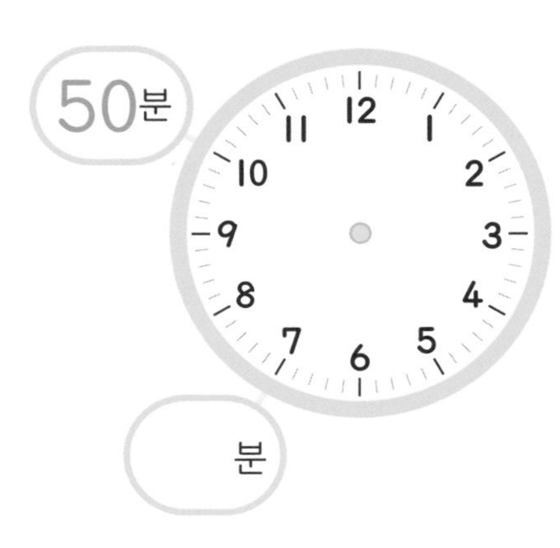

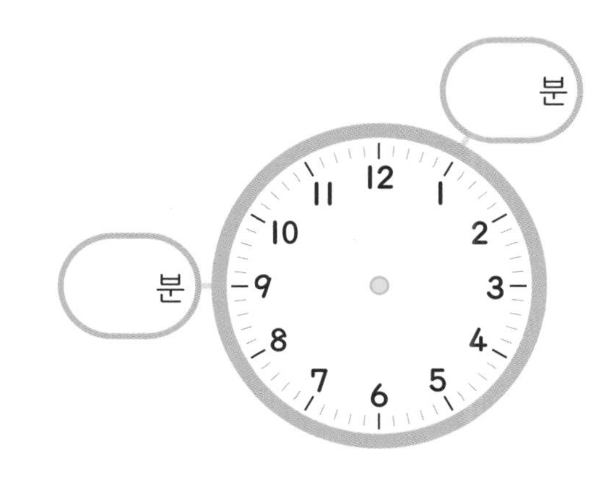

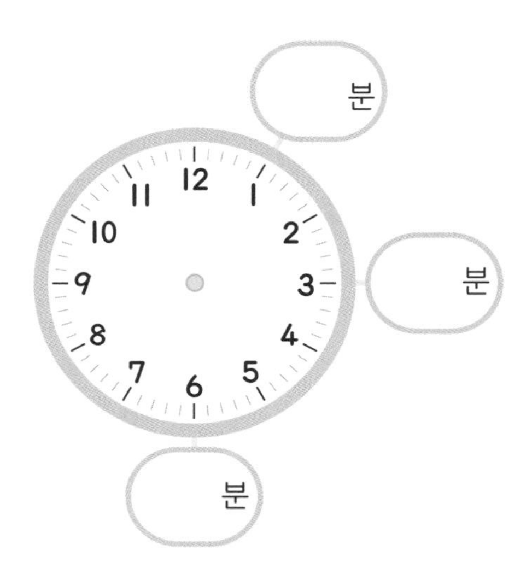

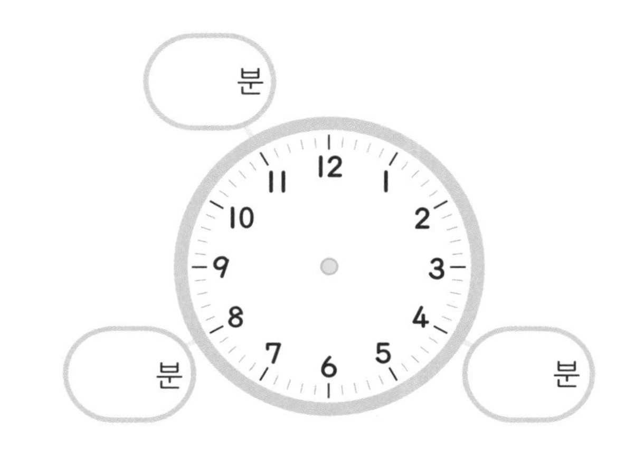

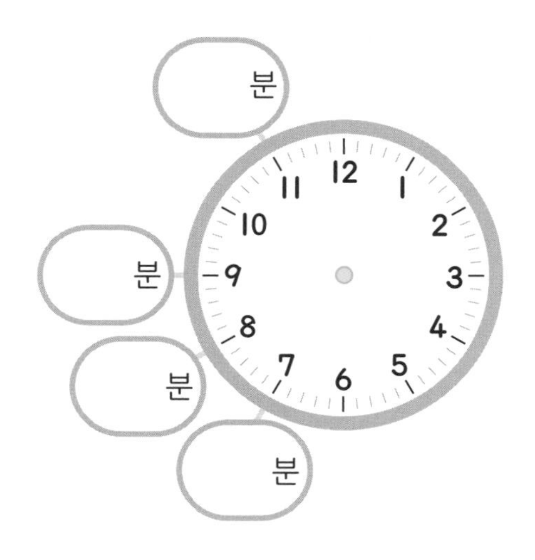

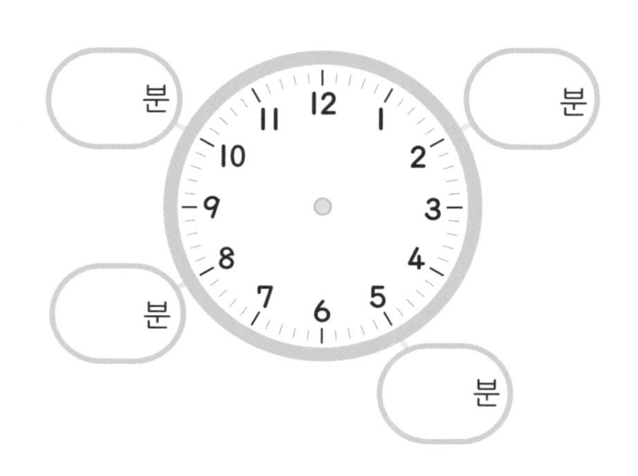

개념 다지기 2

시계의 긴바늘이 가리키는 수를 보고 몇 분인지 읽어 보세요.

 시 55 분

시 ☐ 분

 시 ☐ 분

시 ☐ 분

시 ☐ 분

시 ☐ 분

개념 마무리 1

시계를 바르게 읽거나, 자를 사용하여 시계에 긴바늘을 알맞게 그려 보세요.

6시 45 분

11시 [ ] 분

4시 30분

9시 15분

3시 40분

8시 [ ] 분

개념 마무리 2

빈칸을 알맞게 채우세요.

- 긴바늘이 2를 가리키면 [10]분입니다.

- 긴바늘이 [ ]을 가리키면 30분입니다.

- 긴바늘이 1을 가리키면 [ ]분입니다.

- 긴바늘이 [ ]을 가리키면 55분입니다.

- 긴바늘이 10을 가리키면 [ ]분입니다.

- 긴바늘이 [ ]을 가리키면 35분입니다.

3 □시 △분

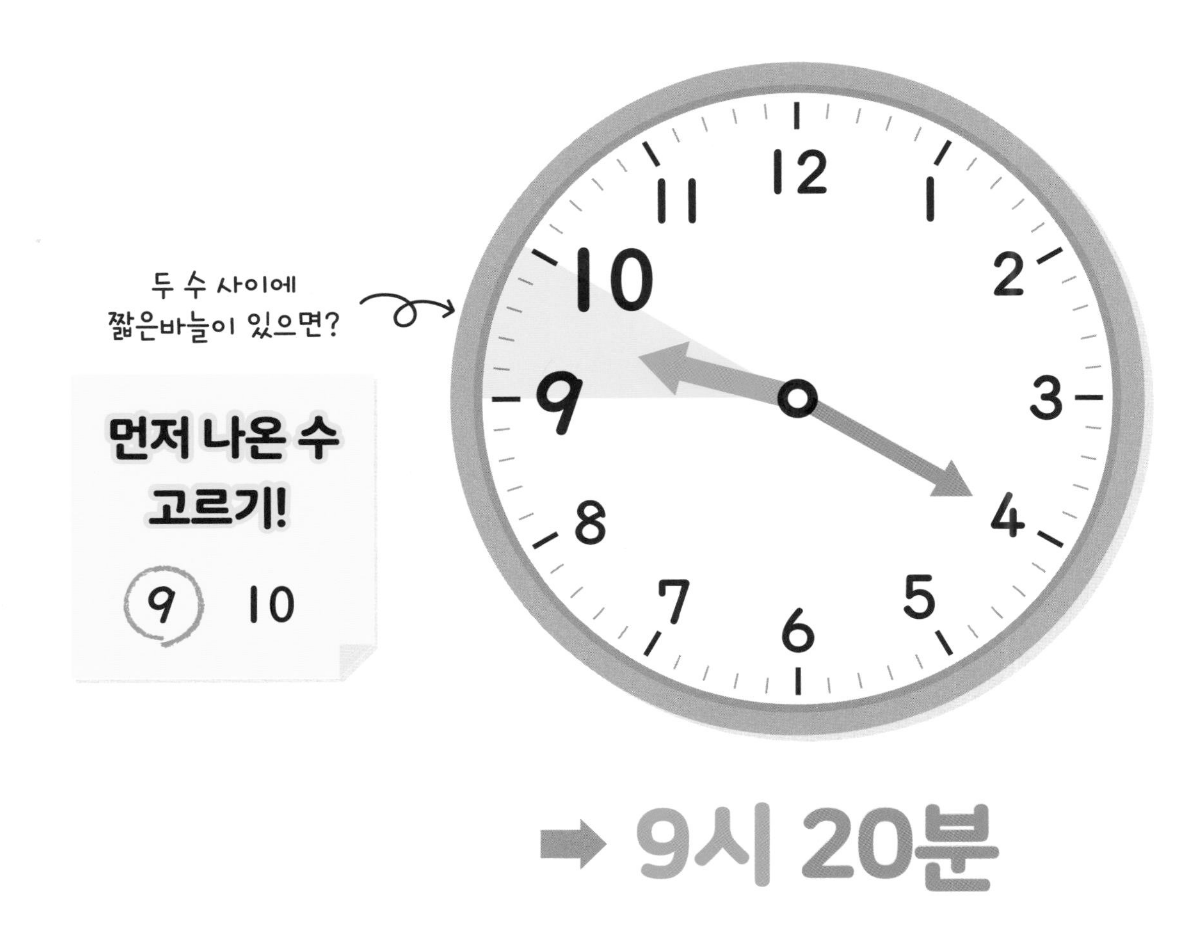

➡ 9시 20분

개념 익히기 1

둘 중에서 먼저 나온 수에 ○표 하고, 빈칸을 알맞게 채우세요.

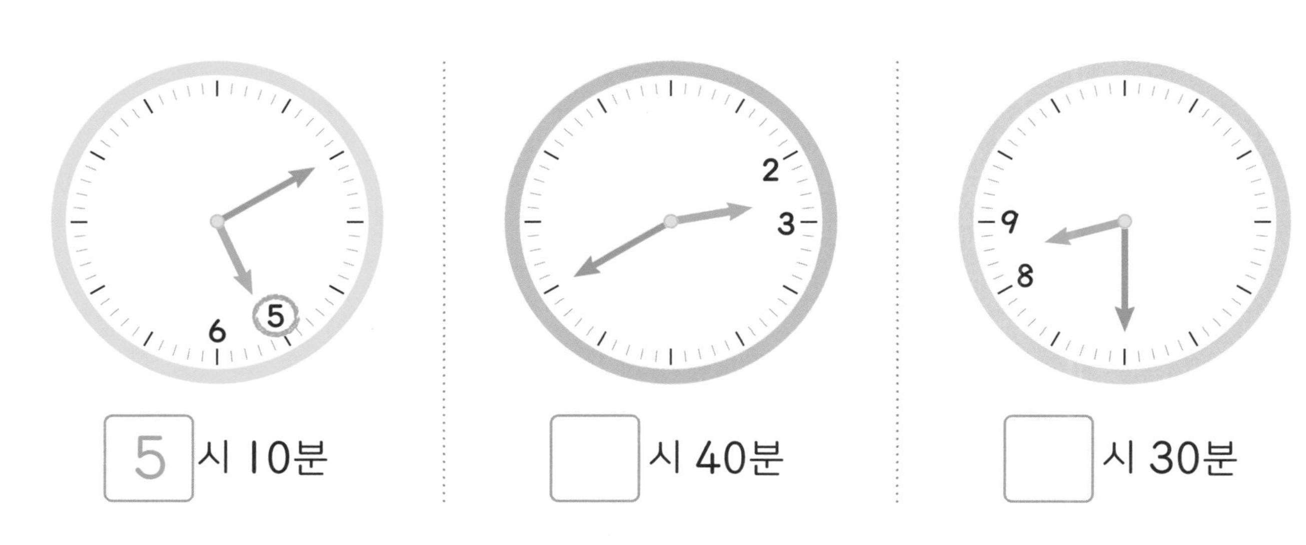

5 시 10분

□시 40분

□시 30분

개념 익히기 2

시계를 바르게 읽은 것에 ∨표 하세요.

- [x] 3시 40분
- [ ] 4시 40분

- [ ] 7시 10분
- [ ] 8시 10분

- [ ] 12시 15분
- [ ] 11시 15분

- [ ] 9시 6분
- [ ] 9시 30분

- [ ] 1시 45분
- [ ] 9시 5분

- [ ] 6시 55분
- [ ] 5시 55분

개념 다지기 1

시계를 보고 빈칸을 알맞게 채우세요.

[12] 시 [20] 분

[ ] 시 40분

[ ] 시 5분

9시 [ ] 분

5시 [ ] 분

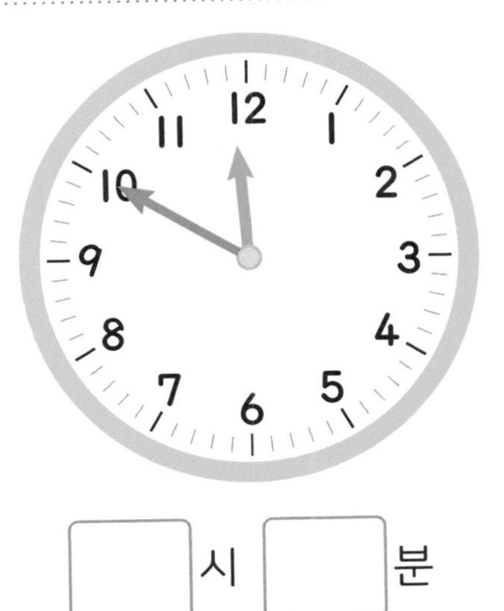

[ ] 시 [ ] 분

개념 다지기 2

몇 시 몇 분인지 바르게 나타낸 시계에 ○표 하세요.

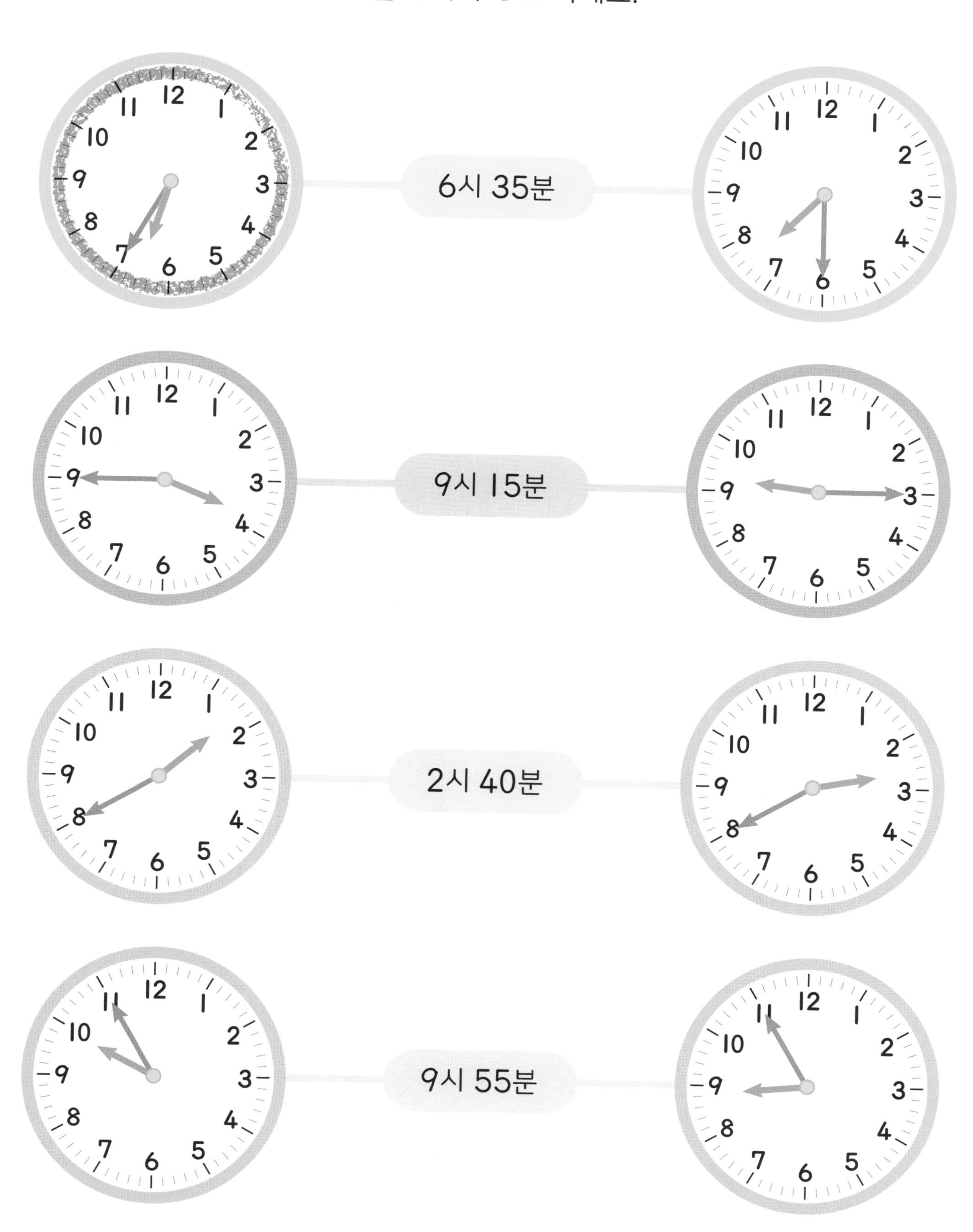

개념 마무리 1

자를 사용하여 시계에 짧은바늘을 알맞게 그려 보세요.

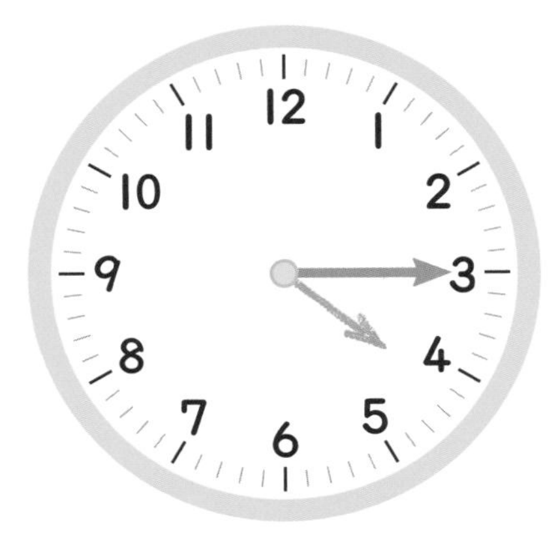

4시 15분

2시 30분

7시 5분

11시 50분

12시 30분

10시 10분

개념 마무리 2

자를 사용하여 시계에 바늘을 알맞게 그리거나 빈칸을 채우세요.

9시 15분

8시 45분

12시 20분

 시 35분

7시

☐ 시 ☐ 분

4 시간의 순서

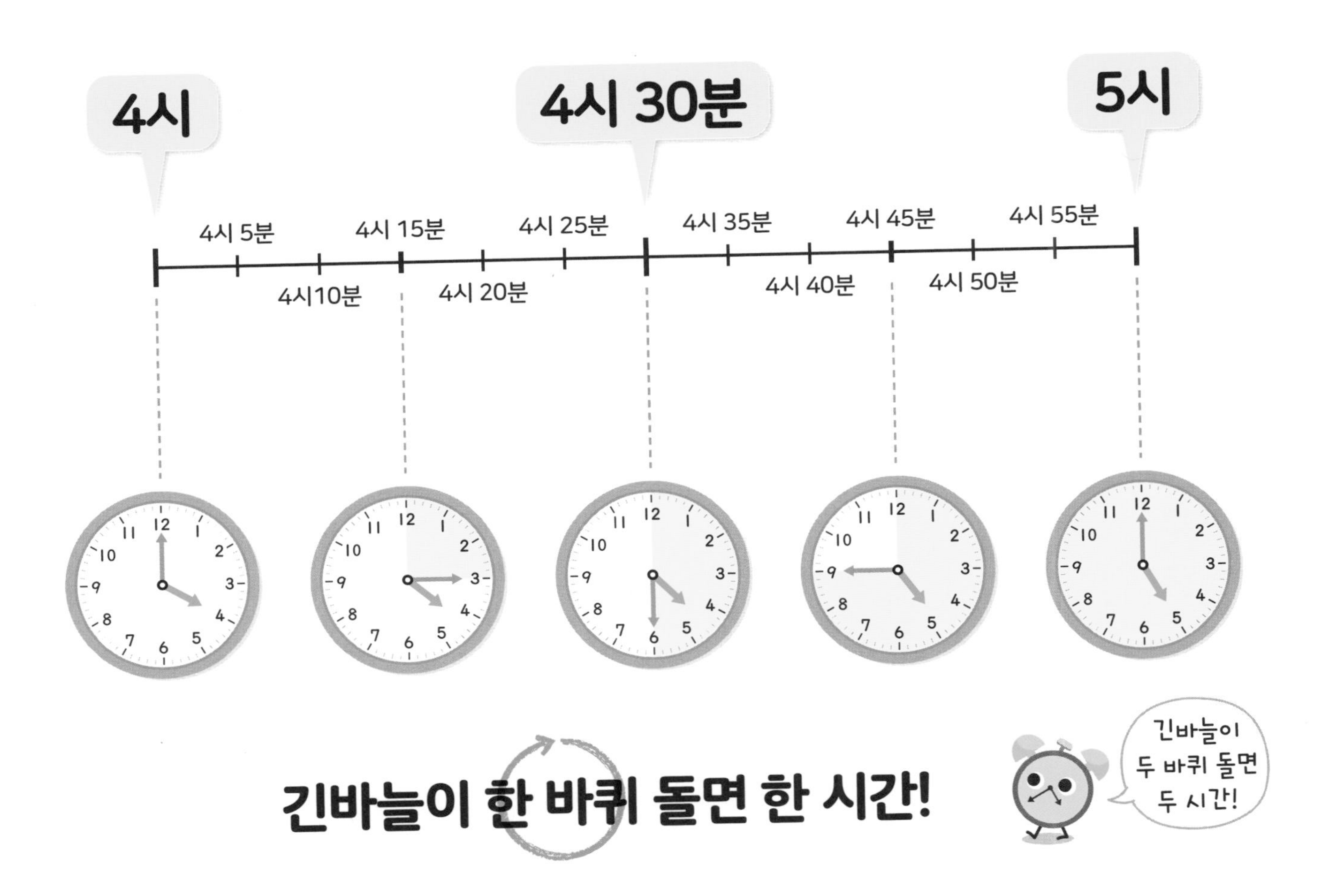

개념 익히기 1

다음 중 시간 순서가 가장 빠른 것에 ∨표 하세요.

7시와 8시 사이	9시와 10시 사이	12시와 1시 사이
☑ 7시 10분	☐ 9시 40분	☐ 12시 35분
☐ 7시 30분	☐ 9시 20분	☐ 12시 30분
☐ 7시 15분	☐ 9시 30분	☐ 12시 20분

개념 익히기 2

같은 날 한낮에 시계를 찍은 사진입니다. 찍은 순서대로 번호를 쓰세요.

5 시계를 보는 다른 방법

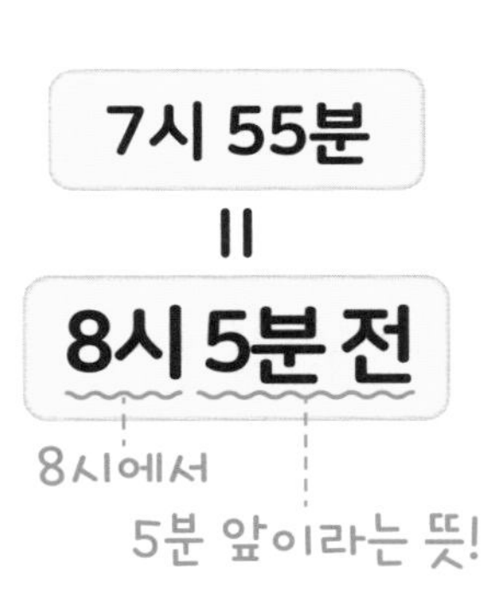
7시 55분
=
8시 5분 전
8시에서
5분 앞이라는 뜻!

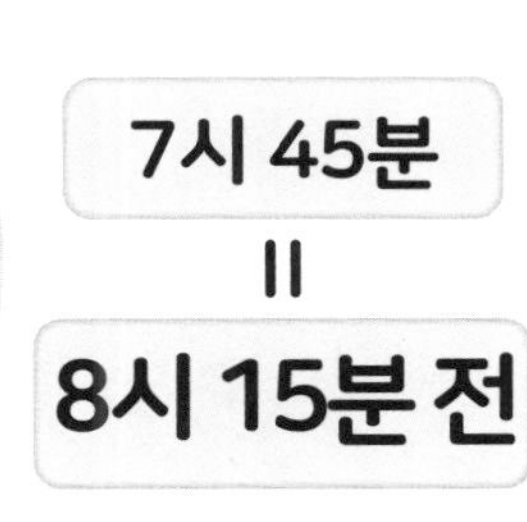
7시 45분
=
8시 15분 전

7시 50분
=
8시 10분 전

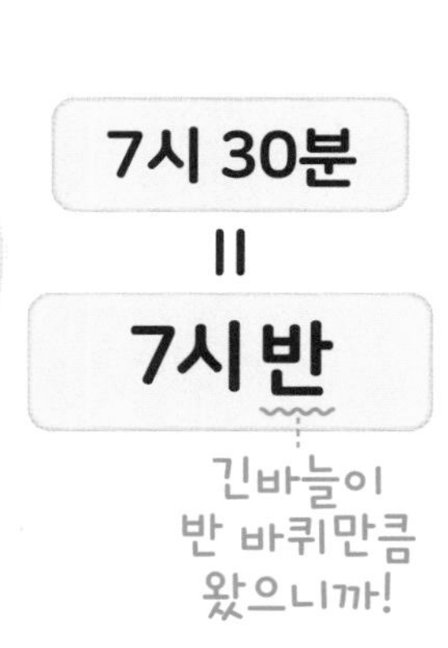
7시 30분
=
7시 반
긴바늘이
반 바퀴만큼
왔으니까!

개념 익히기 1

시계를 보고 빈칸을 알맞게 채우세요.

시계가 나타내는 때는 [2]시 [45]분입니다.

3시가 되려면 [ ]분이 더 지나야 합니다.

시계가 나타내는 때는 [ ]시 [ ]분 **전**입니다.

개념 익히기 2

빈칸을 알맞게 채우세요.

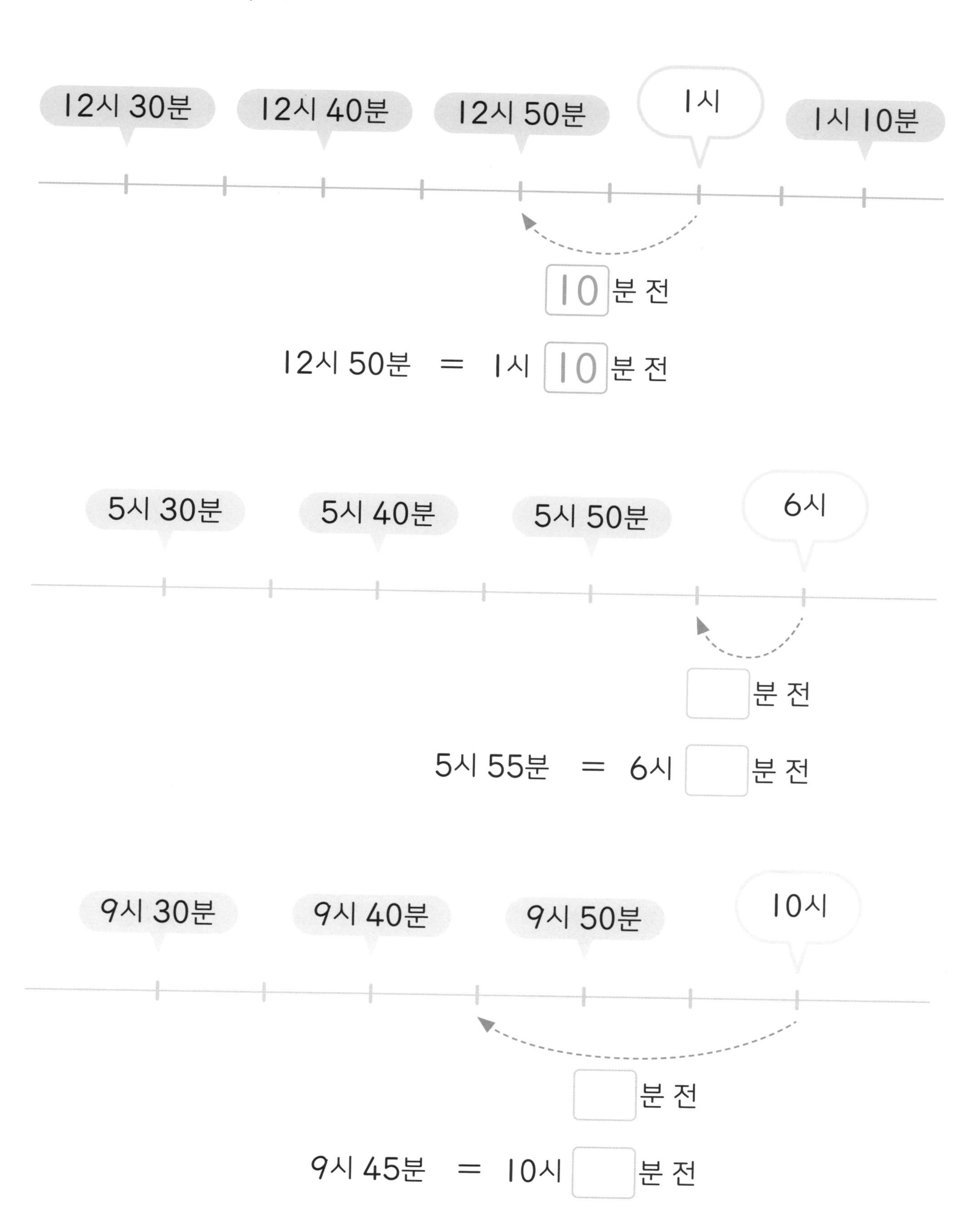

개념 다지기 1

시계를 두 가지 방법으로 읽어 보세요.

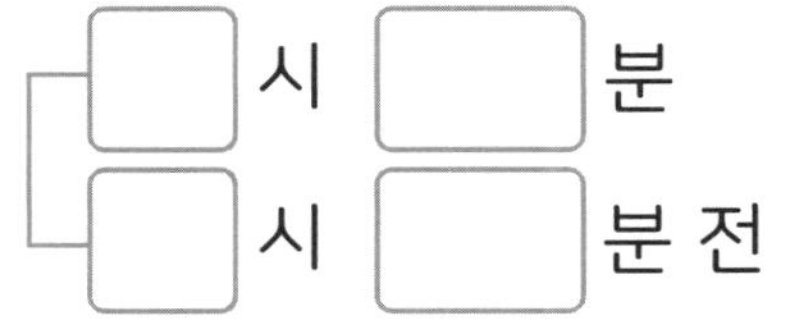

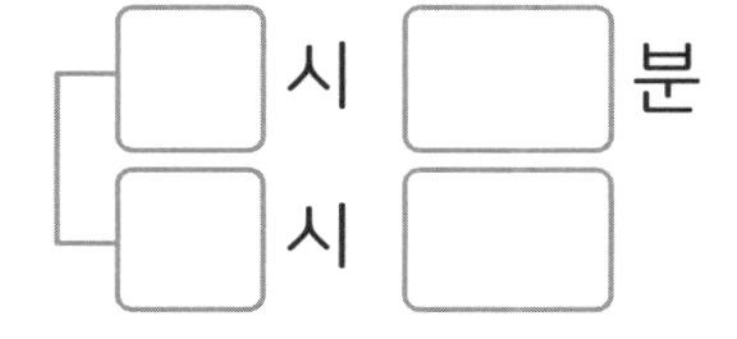

시 분
시 분 전

개념 다지기 2

옳은 설명에 ○표, 틀린 설명에 ×표 하세요.

7시 5분 전입니다. [○]

6시가 지났습니다. [○]

6시 5분 전입니다. [×]

9시 30분 전입니다. [ ]

9시와 10시의 한가운데입니다. [ ]

9시 반입니다. [ ]

4시 10분 전입니다. [ ]

4시에서 10분이 지났습니다. [ ]

4시 10분입니다. [ ]

5분이 지나면 11시입니다. [ ]

11시 10분 전입니다. [ ]

10시에서 50분이 지났습니다. [ ]

개념 마무리 1

같은 것끼리 짝 지어진 것에 ○표 하세요.

12시 45분
1시 15분 전

8시 45분
9시 15분 전

11시 40분
12시 5분 전

6시 55분
7시 10분 전

2시 30분
2시 반

5시 45분
6시 15분 전

3시 45분
4시 25분 전

4시 50분
5시 5분 전

6시 30분
6시 반

9시 55분
10시 5분 전

개념 마무리 2

빈칸을 알맞게 채우세요.

- 4시에서 **긴바늘이 한 바퀴를 돌면** [5] 시입니다.

- **1시 10분 전은** [ ] 시 [ ] 분입니다.

- 긴바늘이 [ ] 바퀴를 돌면 **한 시간**입니다.

- **7시 55분**에서 [ ] 분이 지나면 **8시**입니다.

- **10시 5분**은 [ ] 시에서 5분이 지난 것입니다.

- **5시 반**은 [ ] 시와 [ ] 시의 한가운데입니다.

6 한 시간

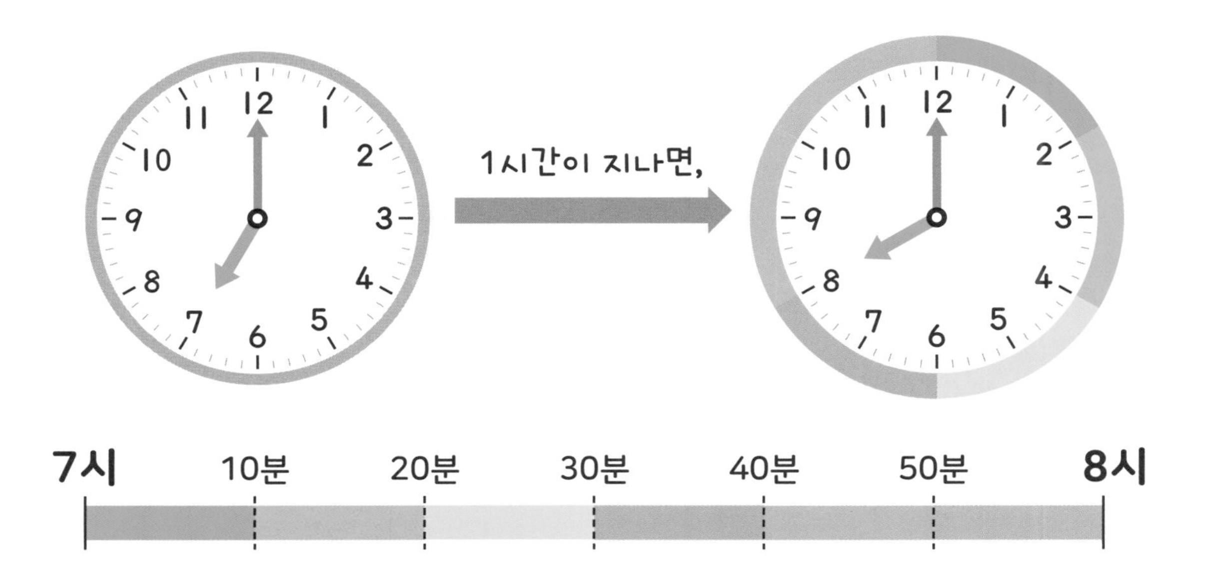

긴바늘이 한 바퀴 돌면? 짧은바늘은 다음 수로 이동!
이때 걸리는 시간이 60분!

긴바늘의
반 바퀴는 30분!

60분 = 1시간

개념 익히기 1

빈칸을 알맞게 채우세요.

- 긴바늘이 한 바퀴 돌면, [60]분 = 1시간
- 긴바늘이 한 바퀴 돌면, 60분 = [ ]시간
- 긴바늘이 한 바퀴 돌면, [ ]분 = [ ]시간

개념 익히기 2

시계에 바늘을 알맞게 그려 보세요.

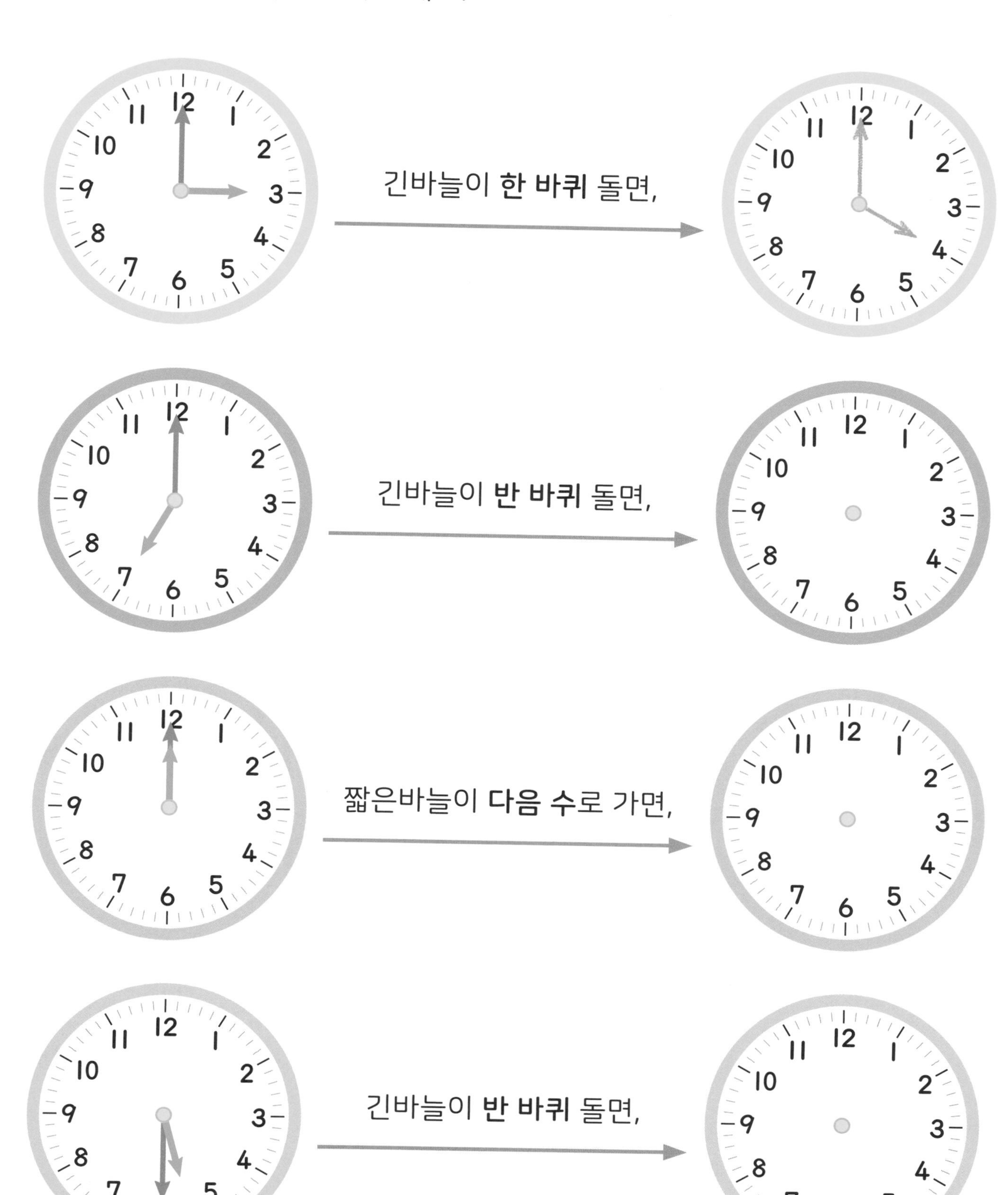

개념 다지기 1

두 시계를 보고 시간이 얼마나 지났는지 시간 띠에 나타내어 구하세요.

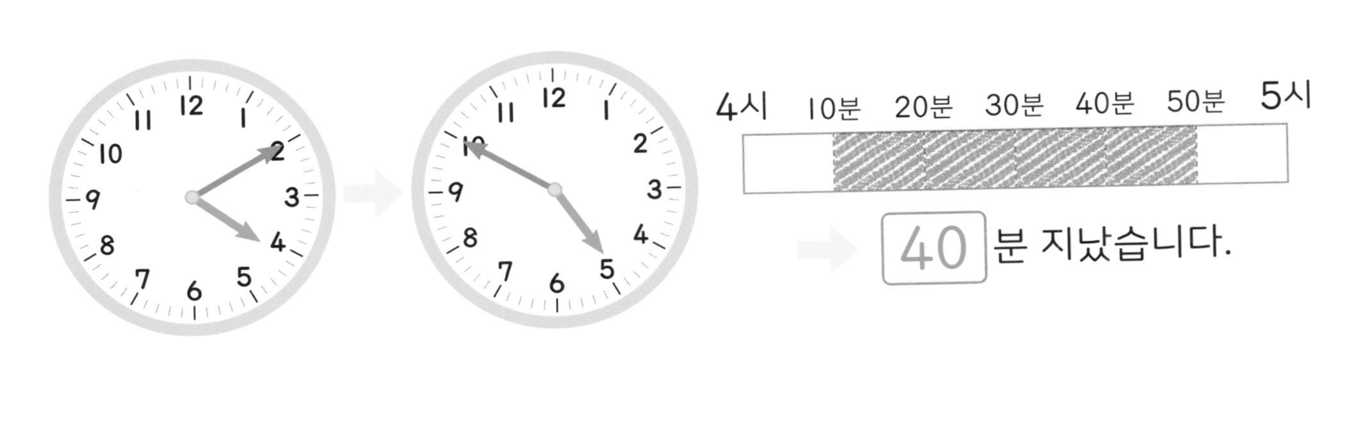

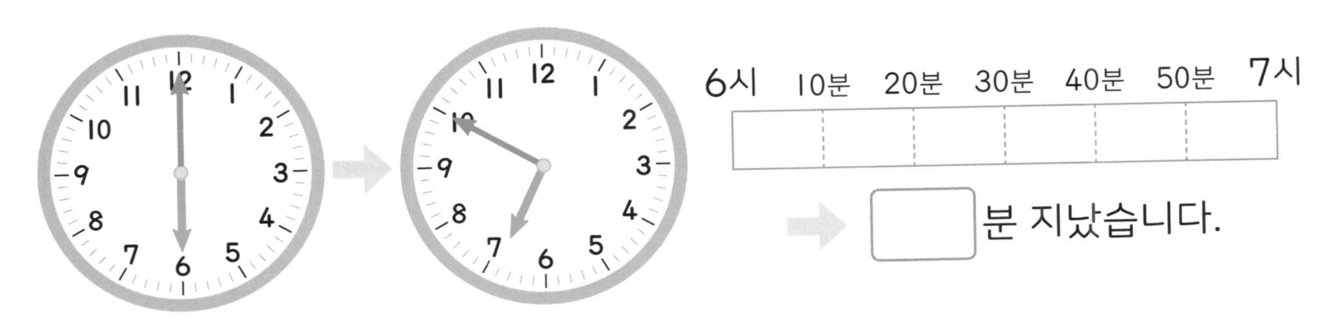

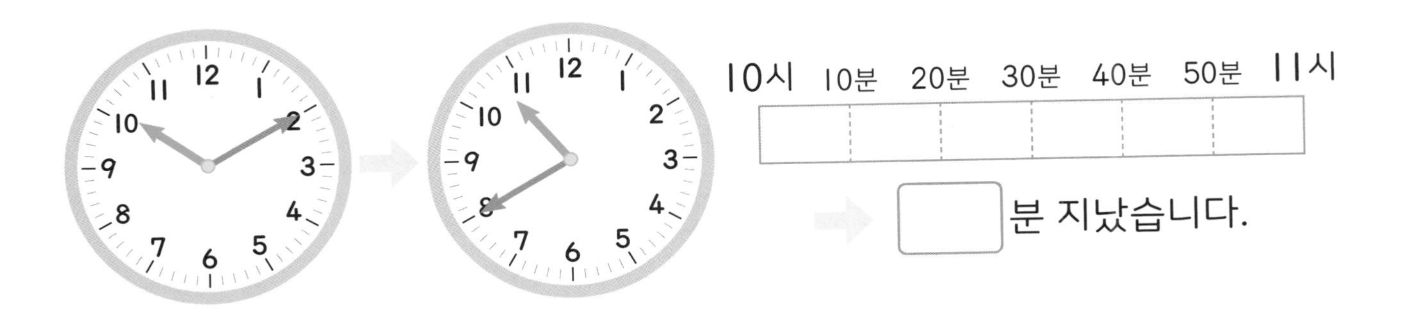

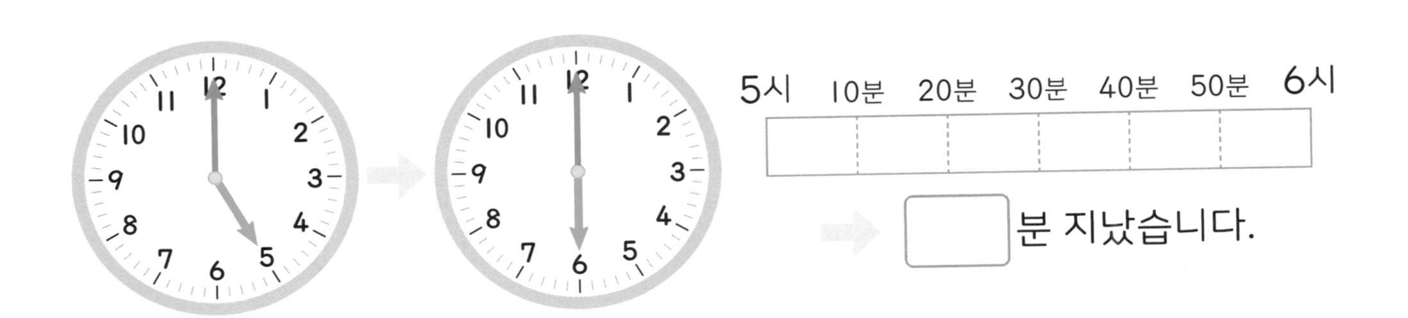

개념 다지기 2

두 시계를 보고 빈칸을 알맞게 채우세요.

개념 마무리 1

두 시계를 보고 시간이 얼마나 지났는지 시간 띠에 나타내어 구하세요.

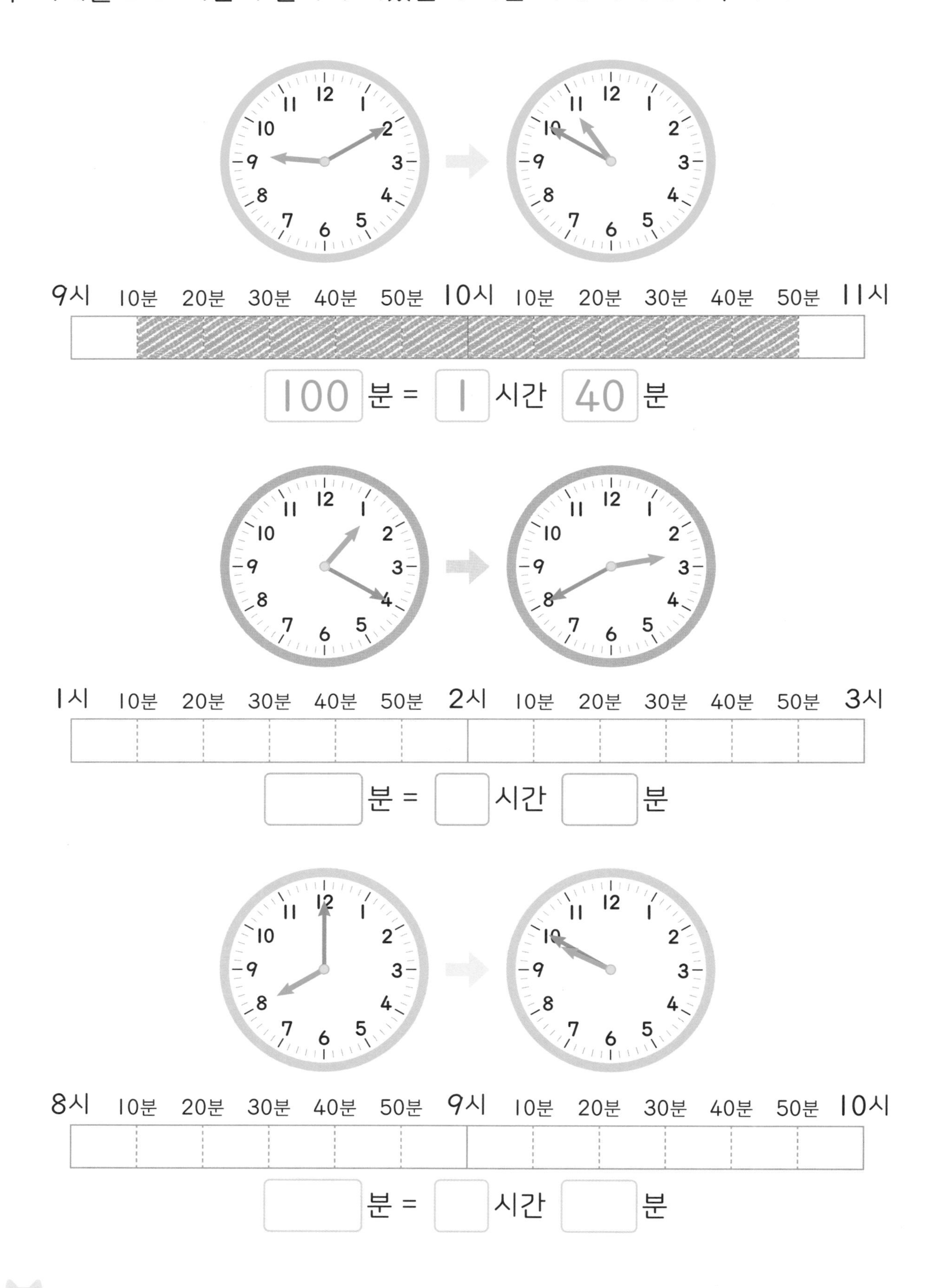

개념 마무리 2

시계를 보고 옳은 설명에 ○표, 틀린 설명에 ╳표 하세요.

3시에서 45분이 지났습니다. [○]

20분이 지나면 4시 20분입니다. □

긴바늘이 한 바퀴 돌면 4시 45분입니다. □

11시와 12시의 한가운데입니다. □

30분이 지나면 1시입니다. □

12시 반입니다. □

30분이 지나면 6시 반입니다. □

5시 55분입니다. □

6시 5분 전입니다. □

짧은바늘이 다음 수로 이동하면 2시입니다. □

6시간이 지나면 7시입니다. □

90분이 지나면 1시 30분입니다. □

1

시계를 두 가지 방법으로 읽어 보시오.

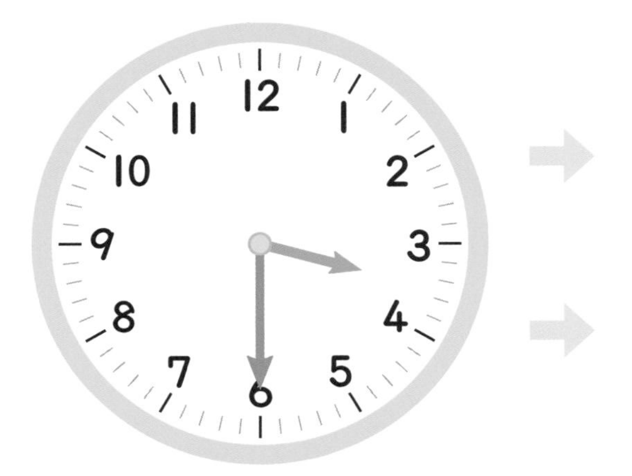

2

자를 사용하여 6시 20분이 되도록 시계를 알맞게 그려 보시오.

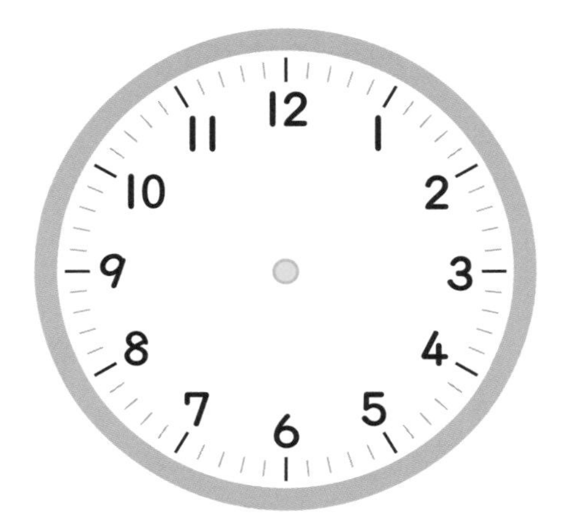

3

같은 날 한낮에 시계를 찍은 사진입니다. 사진이 찍힌 순서대로 번호를 쓰시오.

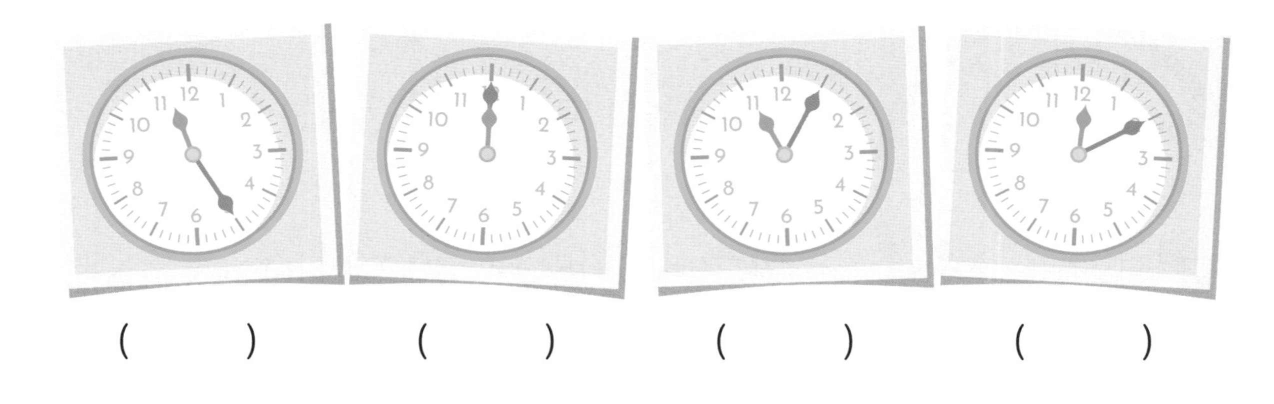

( ) ( ) ( ) ( )

스스로 평가

맞은 개수 6개	매우 잘했어요.
맞은 개수 5개	실수한 문제를 확인하세요.
맞은 개수 4개	틀린 문제를 2번씩 풀어 보세요.
맞은 개수 1~3개	앞부분의 내용을 다시 한번 확인하세요.

4

7시 30분에서 40분이 지난 때를 시계에 그려 보시오.

5

수영을 얼마 동안 했습니까?

오늘 수영을 시작한 때

오늘 수영을 끝낸 때

6

2시 10분부터 놀이터에서 놀기 시작하여 1시간 30분 동안 놀다가 나왔습니다. 놀이터에서 나온 때는 언제입니까?

3 몇 시 몇 분 몇 초

이 단원에서 배울 내용

1. 1분
2. 1초
3. 60초=1분, 60분=1시간
4. 시간과 시각
5. 하루는 24시간

이번에는 눈 깜짝할 사이처럼
엄청 짧은 시간을 알려줄게!

1 1분

짧은바늘은
7과 8 사이니까

7시

긴바늘은 20분에서
3분 더 갔으니까

23분

개념 익히기 1

시계를 바르게 읽어 보세요.

7시 [1] 분

7시 [ ] 분

7시 [ ] 분

개념 익히기 2

시계를 바르게 읽어 보세요.

10시 16 분

8시 ☐ 분

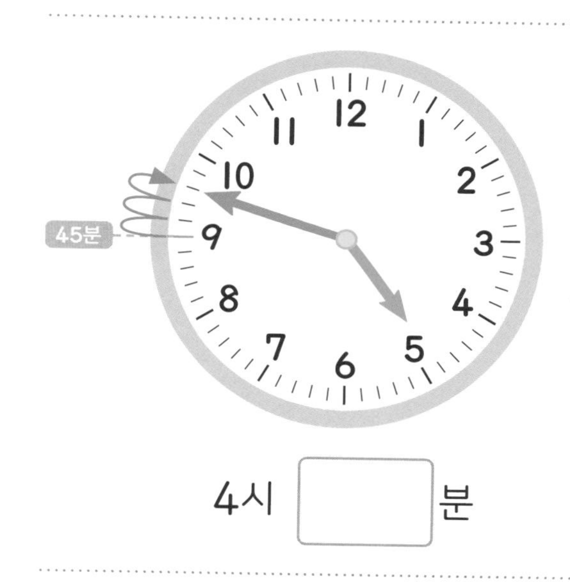

4시 ☐ 분

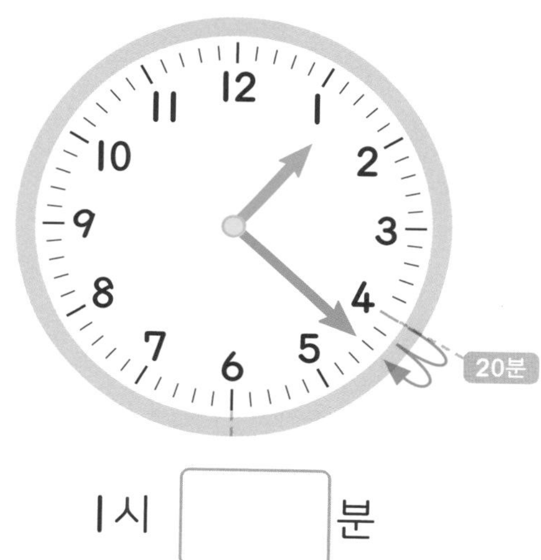

1시 ☐ 분

3시 ☐ 분

6시 ☐ 분

개념 다지기 1

자를 사용하여 시계에 긴바늘을 알맞게 그려 보세요.

5시 42분

6시 38분

9시 31분

11시 28분

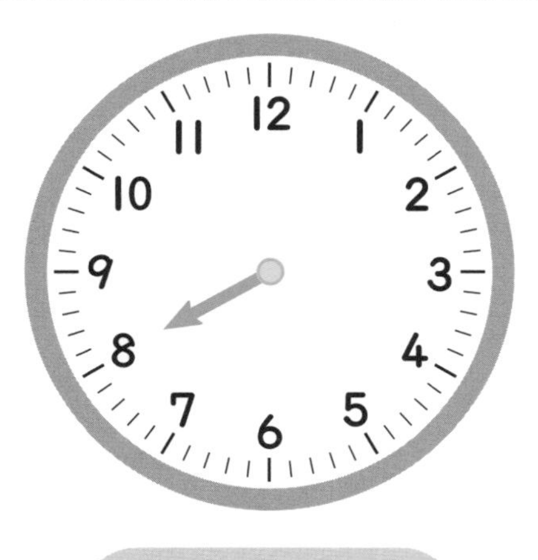

8시 2분

4시 4분

개념 다지기 2

빈칸을 알맞게 채우세요.

개념 마무리 1

시계를 보고 빈칸을 알맞게 채우세요.

2 시 56 분입니다.

3시가 되려면 ☐ 분이 더 지나야 합니다.

☐ 시 ☐ 분 **전**입니다.

☐ 시 ☐ 분입니다.

6시가 되려면 ☐ 분이 더 지나야 합니다.

☐ 시 ☐ 분 **전**입니다.

☐ 시 ☐ 분입니다.

10시가 되려면 ☐ 분이 더 지나야 합니다.

☐ 시 ☐ 분 **전**입니다.

개념 마무리 2

관계있는 것끼리 선으로 이으세요.

짧은바늘은
6과 7 사이에 있고,
긴바늘은
8을 가리키고 있어요.

9시가 되려면
3분이 더 지나야 해요.

11시에서
2분이 지났어요.

4시 1분 전이에요.

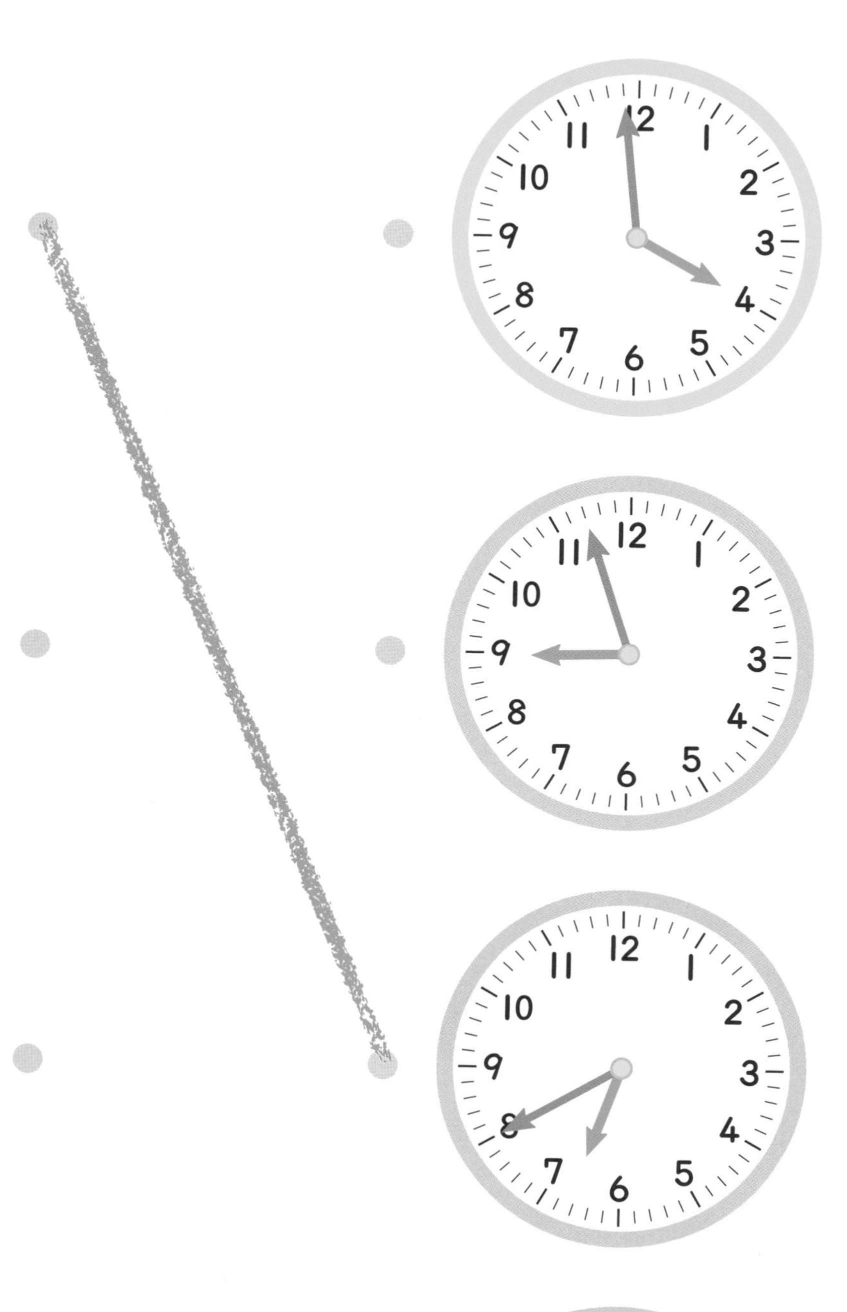

2 1초

빠르게 움직이는 바늘이 작은 눈금 한 칸을 갈 때, 1초가 걸려!

초바늘

1초

2시 40분

2시 40분 1초

긴바늘과 초바늘은
읽는 방법이 똑같네~

그러니까 어떤 바늘이
어디를 가리키는지 잘 보기!
초바늘이 제일 가늘어~

개념 익히기 1

색깔로 표시한 바늘의 이름에 ○표 하세요.

짧은바늘 ☐(○)
긴바늘 ☐
초바늘 ☐

짧은바늘 ☐
긴바늘 ☐
초바늘 ☐

짧은바늘 ☐
긴바늘 ☐
초바늘 ☐

개념 익히기 2

시계를 읽어 보세요.

3시 24분 7 초

9시 57분 ☐ 초

6시 20분 ☐ 초

2시 4분 ☐ 초

10시 32분 ☐ 초

12시 31분 ☐ 초

개념 다지기 1

빈칸을 알맞게 채우세요.

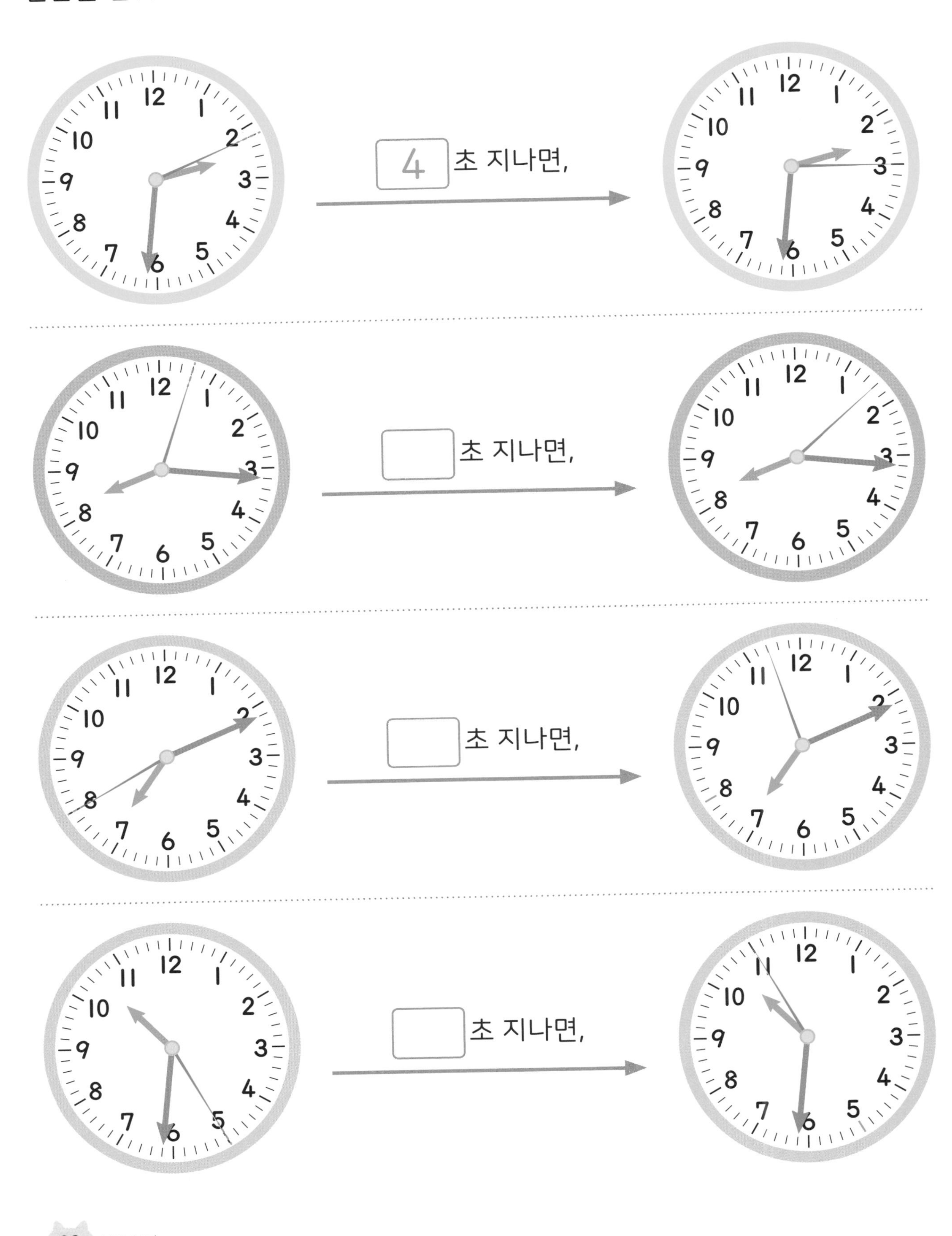

개념 다지기 2

빈칸을 알맞게 채우세요.

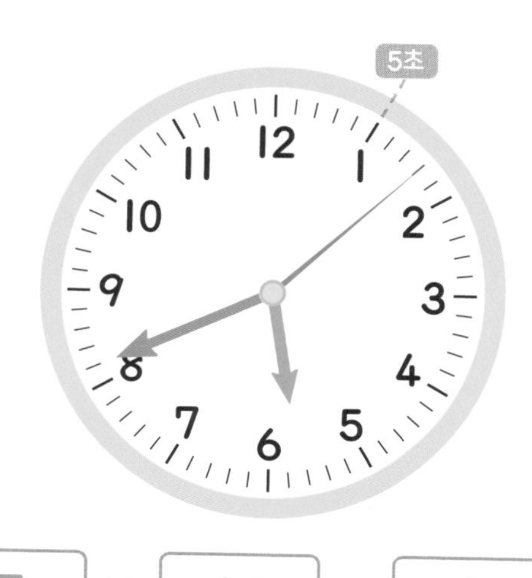

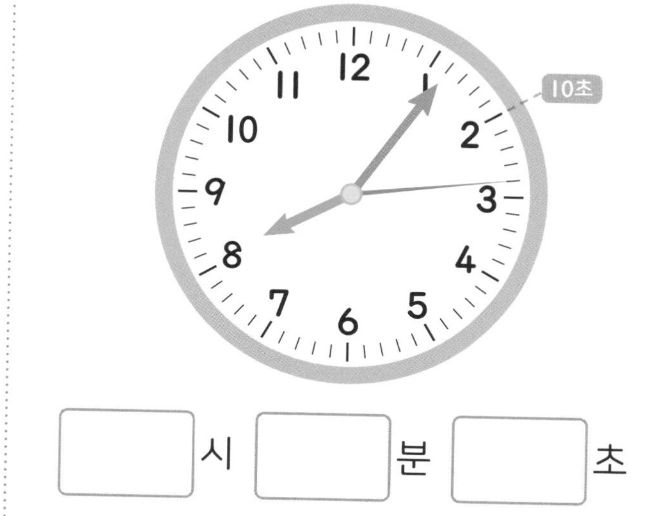

시 분 초

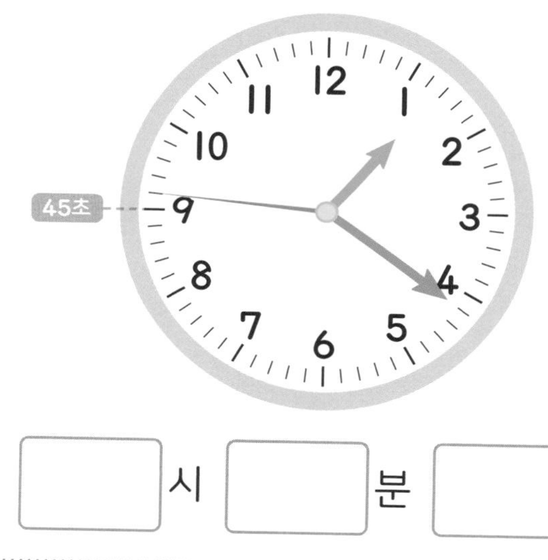

시 분 초

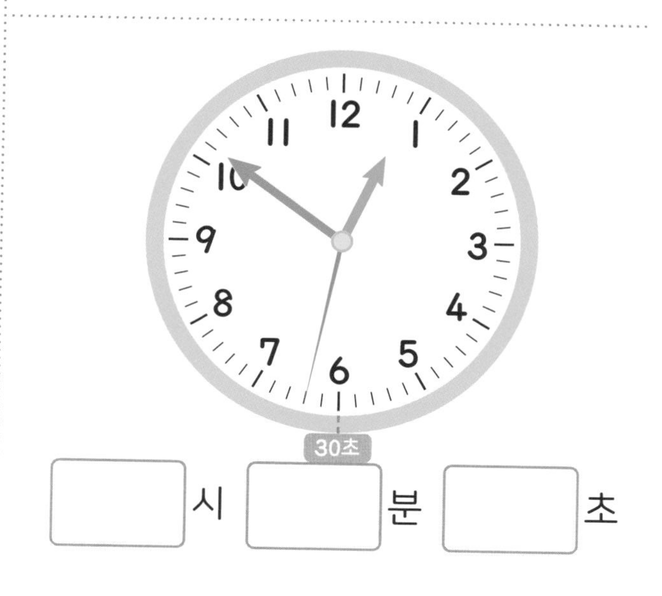

개념 마무리 1

자를 사용하여 시계에 바늘을 알맞게 그려 보세요.

9시 24분

6시 2분 19초

3시 2초

5시 48분 24초

10시 52분 4초

1시 26분 10초

개념 마무리 2

자를 사용하여 시계를 알맞게 그리세요.

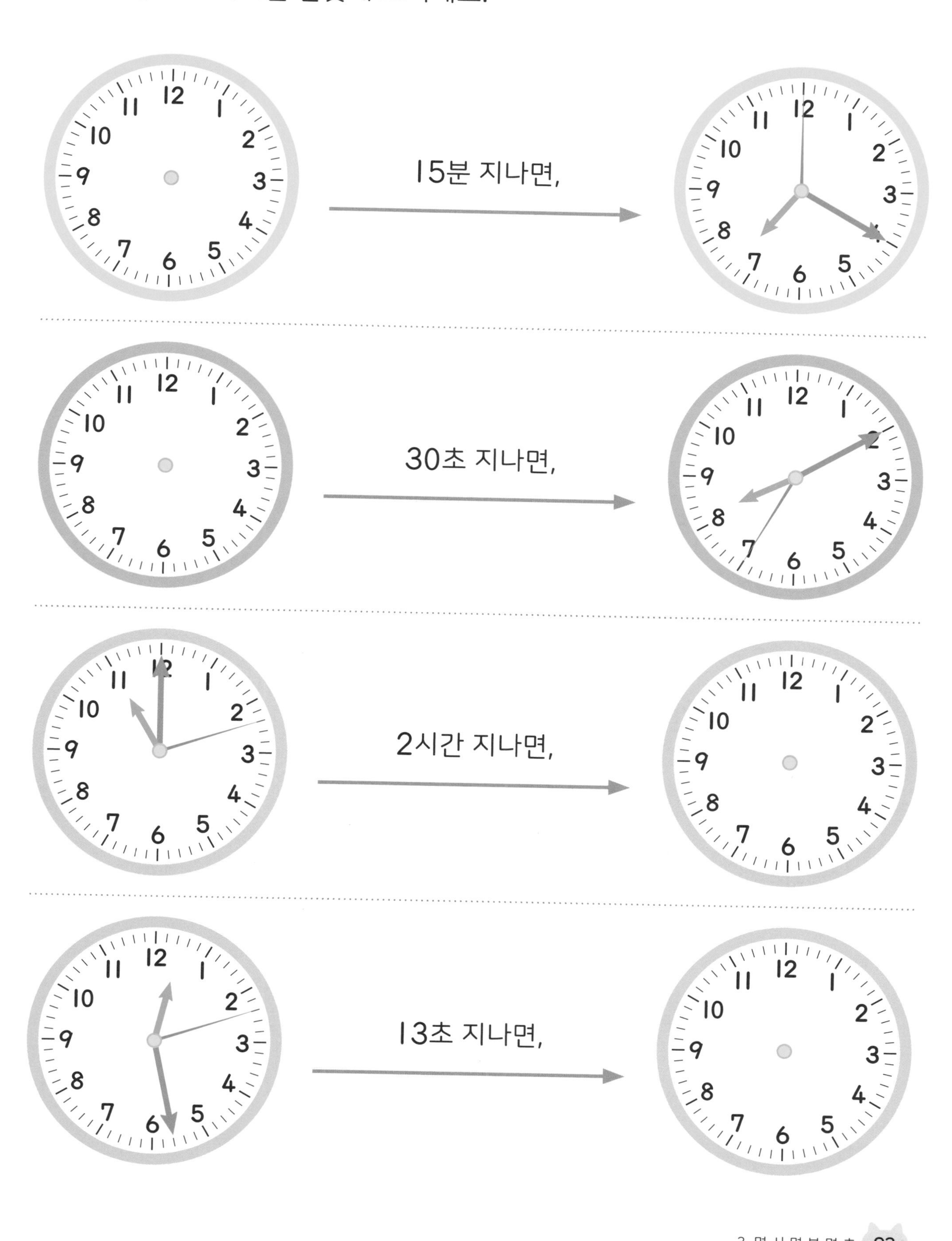

3 60초=1분, 60분=1시간

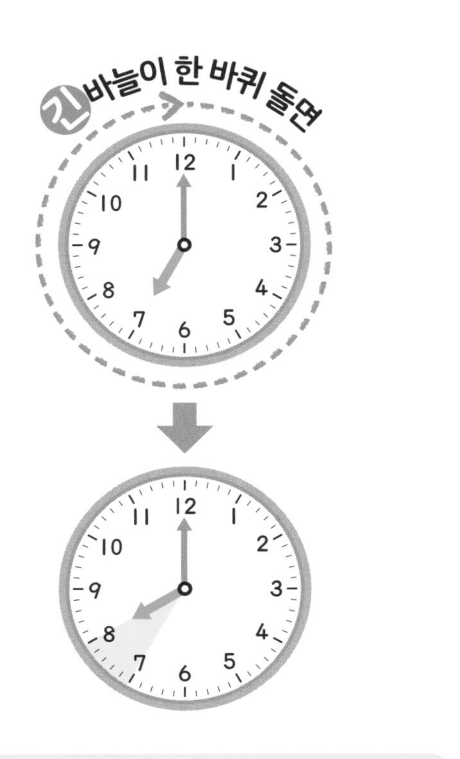

긴바늘이 한 바퀴 돌면,

60분 = 1시간

초바늘이 한 바퀴 돌면,

60초 = 1분

개념 익히기 1

빈칸을 알맞게 채우세요.

- 초바늘이 한 바퀴 돌면, [60]초 = 1분

- 초바늘이 한 바퀴 돌면, 60초 = [   ]분

- 초바늘이 한 바퀴 돌면, [   ]초 = [   ]분

개념 익히기 2

빈칸을 알맞게 채우세요.

2분 = 120 초
60초+60초

3시간 = ☐ 분
60분+60분+60분

긴바늘이 1바퀴 반을 돌면 ☐ 분
60분 30분

초바늘이 2바퀴 반을 돌면 ☐ 초
60초+60초 30초

개념 다지기 1

관계있는 것끼리 선으로 이으세요.

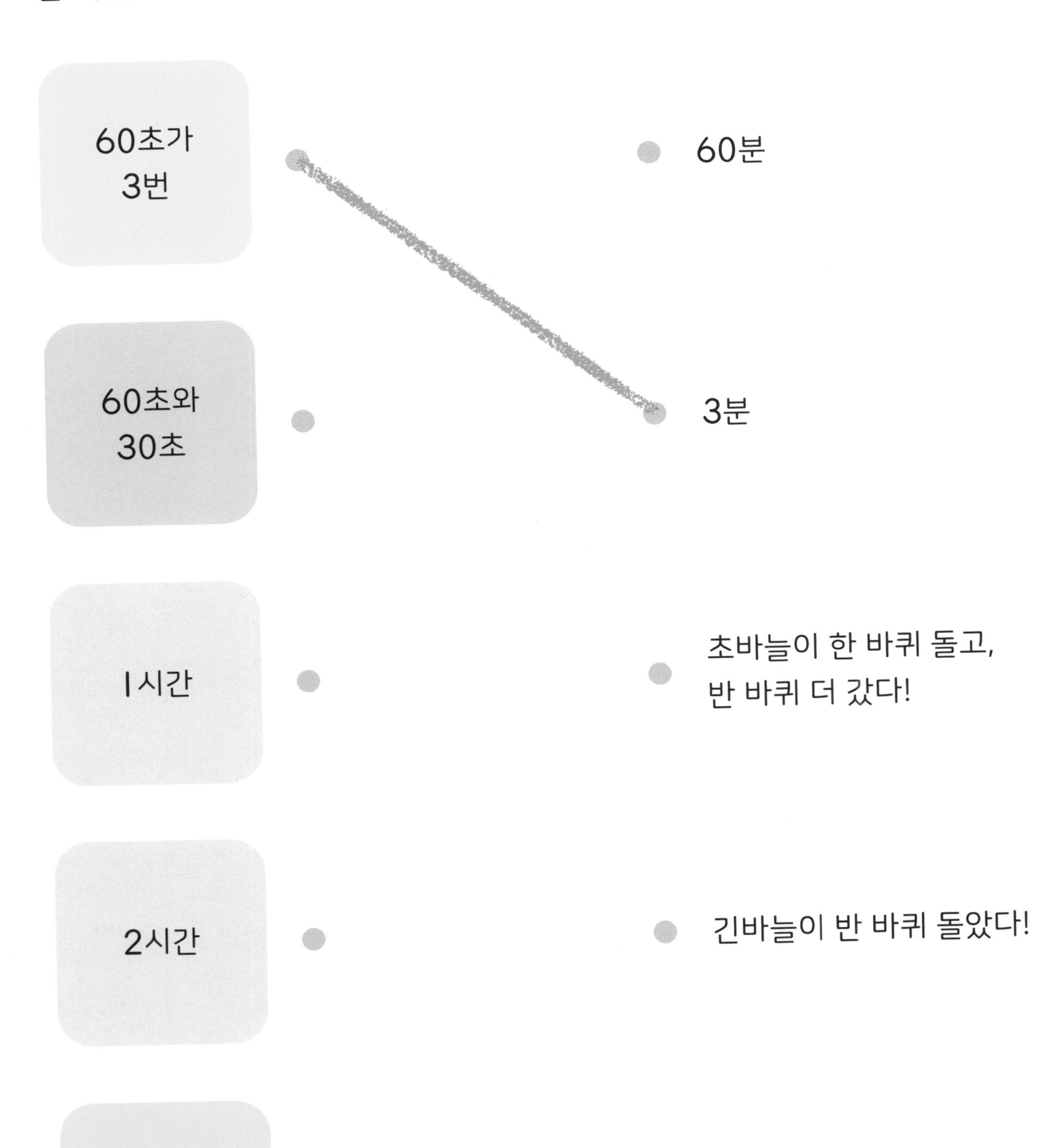

개념 다지기 2

빈칸을 알맞게 채우세요.

- 2분 = [120]초

- 1분 30초 = [　　]초

- 1분 [　　]초 = 100초

- [　　]시간 = 180분

- 1시간 20분 = [　　]분

- 2시간 = [　　]분

개념 마무리 1

시계를 보고 옳은 설명에 ○표, 틀린 설명에 ╳표 하세요.

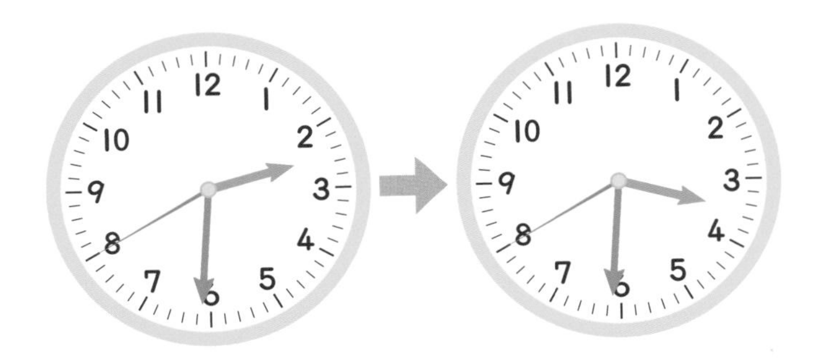

한 시간이 지났다. ○

60분이 지났다. □

초바늘이 한 바퀴 돌았다. □

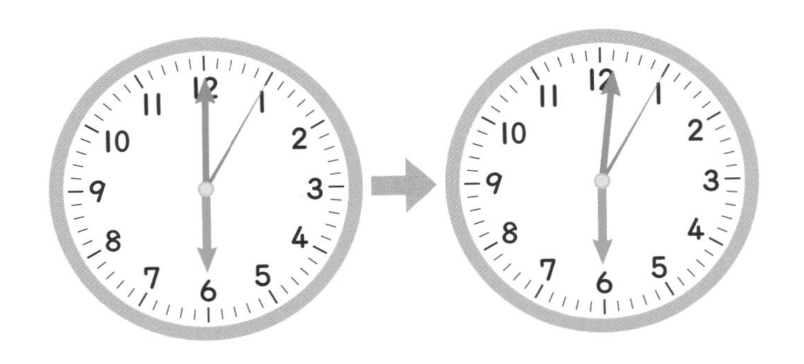

짧은바늘이 한 바퀴 돌았다. □

긴바늘이 한 칸 갔다. □

초바늘이 한 바퀴 돌았다. □

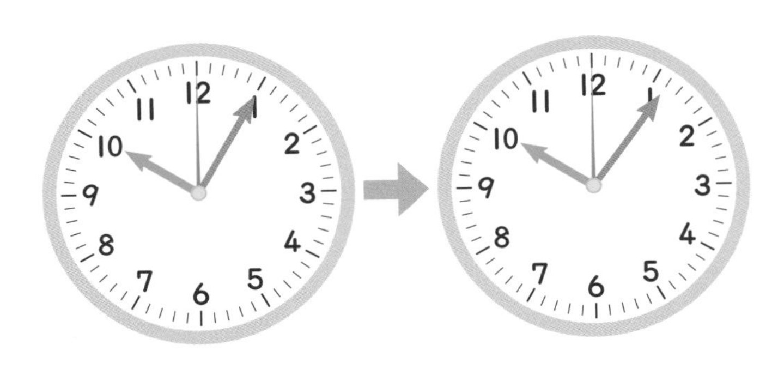

1분이 지났다. □

짧은바늘이 한 칸 갔다. □

초바늘이 한 바퀴 돌았다. □

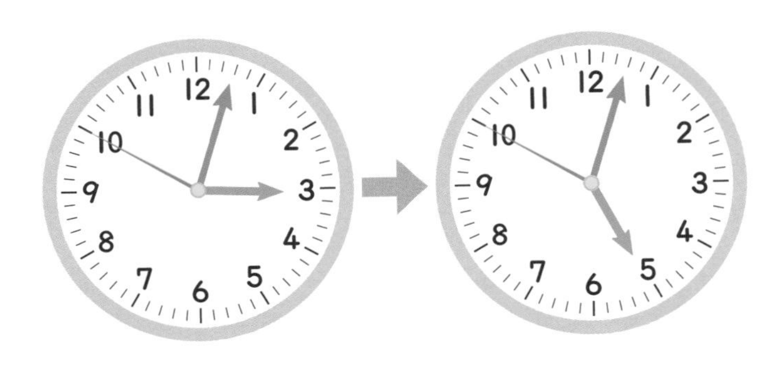

한 시간이 지났다. □

긴바늘이 두 바퀴 돌았다. □

120분이 지났다. □

개념 마무리 2

같은 내용에 ○표, 다른 내용에 ╳표 하세요.

80초가 지났다.

- 초바늘이 한 바퀴 돌고, 20초가 더 지났다. ○
- 긴바늘이 한 바퀴 돌고, 20초가 더 지났다. □

62분이 지났다.

- 긴바늘이 한 바퀴 돌고, 초바늘이 2칸 갔다. □
- 1시간이 지나고, 2분이 더 지났다. □

4분 4초가 지났다.

- 긴바늘이 4칸 가고, 초바늘은 4바퀴 돌았다. □
- 긴바늘이 4칸 가고, 초바늘도 4칸 갔다. □

59분이 지났다.

- 초바늘이 59바퀴 돌았다. □
- 긴바늘이 59바퀴 돌았다. □
- 한 시간보다 더 많이 지났다. □

7초가 지났다.

- 초바늘이 7칸 갔다. □
- 긴바늘이 7칸 갔다. □
- 1분보다 더 오래 지났다. □

4 시간과 시각

시간

언제부터 언제까지의
기간을 의미!

시각

시계가 나타내는
딱! 그 순간을 의미

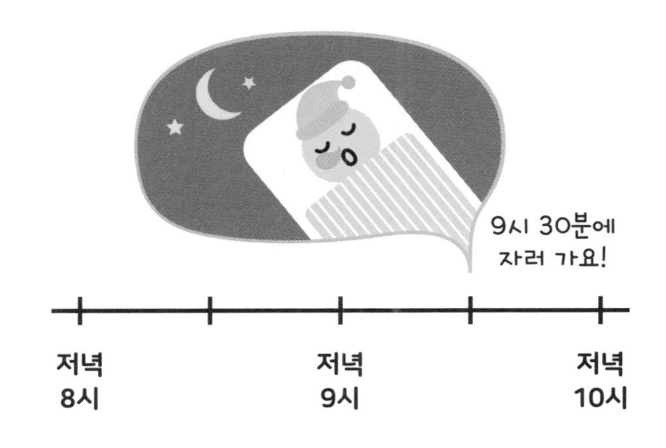

개념 익히기 1

시계가 나타내는 시각을 읽어 보세요.

➡ 11시 32분 14초

➡

➡

개념 익히기 2

괄호 안에서 알맞은 말에 ○표 하세요.

- 집에서 학교까지 가는 데 걸리는 (시간, 시각)은 15분이다.

- 점심 시간이 끝나는 (시간, 시각)은 1시이다.

- 수영을 2(시간, 시각) 동안 했다.

- 내가 좋아하는 만화가 시작하는 (시간, 시각)은 6시 30분이다.

- 벽에 걸린 시계가 나타내는 (시간, 시각)은 8시 11분이다.

- 시계에서 긴바늘이 한 바퀴 도는 데 걸리는 (시간, 시각)은 60분이다.

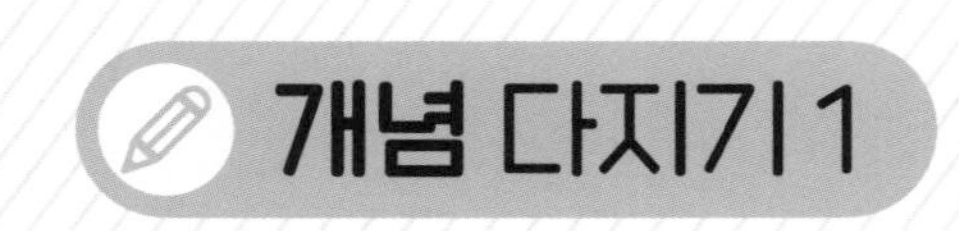

개념 다지기 1

빈칸에 초, 분, 시간을 알맞게 쓰세요.

- 눈을 감았다가 뜨는 데 걸리는 시간 → 1 [초]
- 양치질을 하는 데 걸리는 시간 → 3 [ ]
- 밥을 먹는 데 걸리는 시간 → 30 [ ]
- 휴대폰의 잠금을 푸는 데 걸리는 시간 → 1 [ ]
- 학교에 가는 데 걸리는 시간 → 10 [ ]
- 놀이터에서 노는 시간 → 1 [ ]

개념 다지기 2

관계있는 것끼리 선으로 연결하세요.

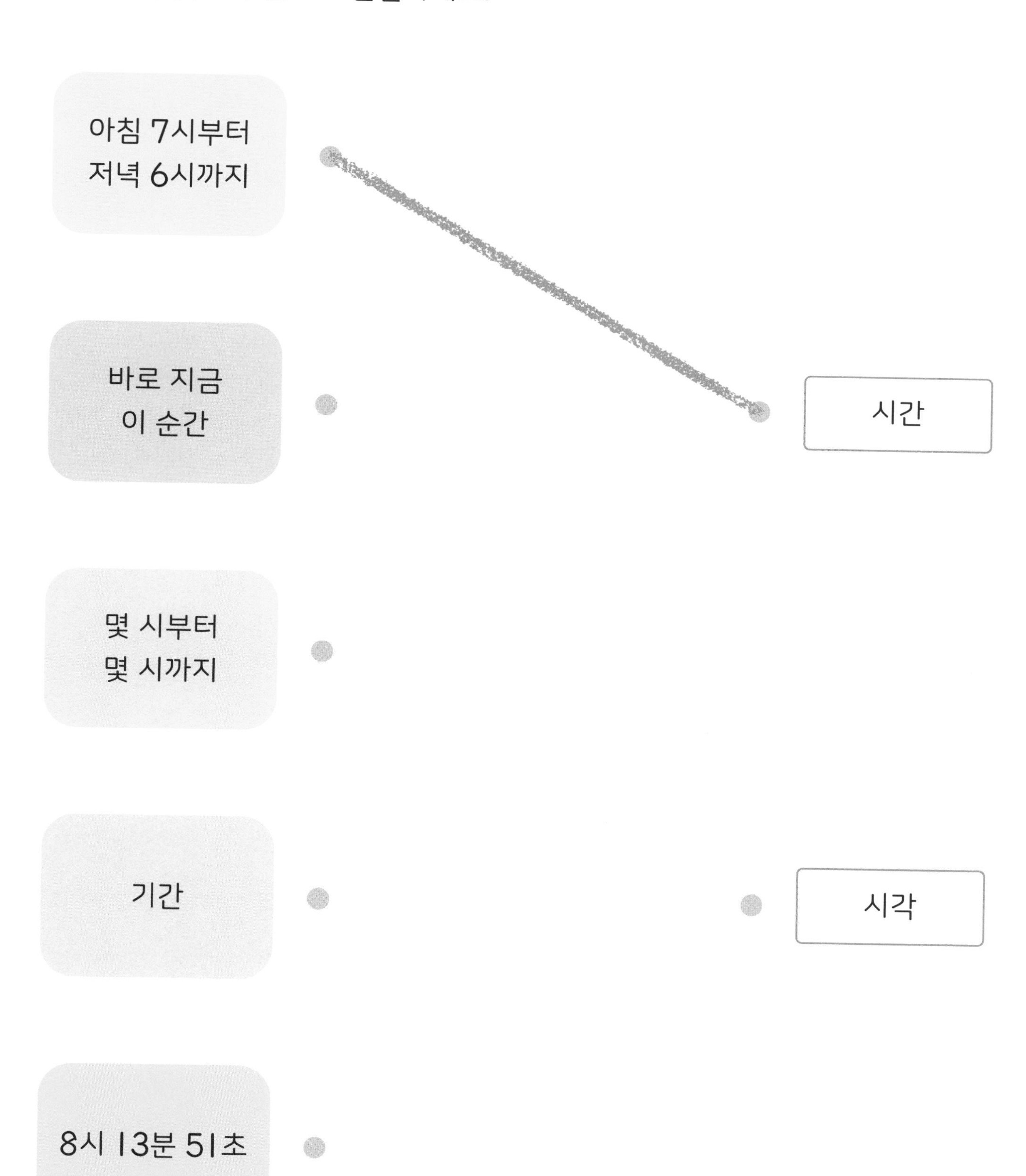

개념 마무리 1

오늘 강아지와 산책을 시작할 때와 마칠 때의 시각을 보고 산책한 시간을 구하세요.

개념 마무리 2

물음에 답하세요.

지호는 2시간 동안 책을 읽었습니다.
책 읽기를 마친 시각이 5시 30분이라면
책 읽기를 시작한 시각은 몇 시 몇 분일까요?

3 시 30 분

책 읽기를 마친 시각

승우는 1시간 동안 방을 청소했습니다.
청소가 끝난 시각이 4시 10분이라면
청소를 시작한 시각은 몇 시 몇 분일까요?

□ 시 □ 분

청소가 끝난 시각

나은이는 2시간 동안 놀고 들어왔습니다.
집에 들어온 시각이 3시 20분이라면
놀러 나간 시각은 몇 시 몇 분일까요?

□ 시 □ 분

집에 들어온 시각

세아는 1시간 30분 동안 피아노를 연습했습니다.
연습을 마친 시각이 6시 45분이라면
연습을 시작한 시각은 몇 시 몇 분일까요?

□ 시 □ 분

연습을 마친 시각

5 하루는 24시간

- 나의 하루 일과표입니다.

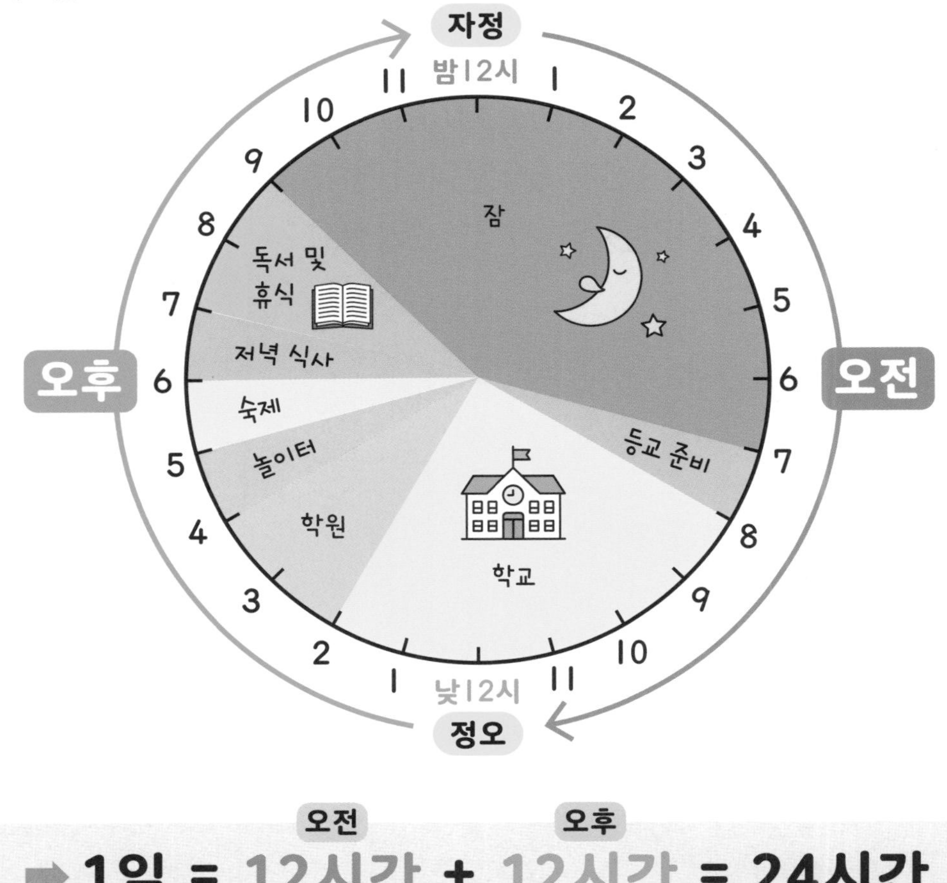

오전 오후

➡ 1일 = 12시간 + 12시간 = 24시간

개념 익히기 1

괄호 안에서 알맞은 말에 ○표 하세요.

- 늦잠을 자지 않고 아침 일찍 일어나면 (오전, 오후)입니다.

- 학교는 주로 (오전, 오후)에 갑니다.

- 저녁밥을 먹을 때는 (오전, 오후)입니다.

개념 익히기 2

하루 24시간을 나타내는 그림에 알맞은 표시를 하거나 선을 그어 나타내세요.

- 잠을 자러 가는 오후 10시에 ♡표를 하세요.
- 오후 10시부터 오전 7시까지 잠을 잡니다.
- 오전 8시부터 오후 1시까지는 학교에 있습니다.
- 집에 돌아오는 오후 4시에 ○표 하세요.
- 오전이 시작되는 시각에 ∨표 하세요.

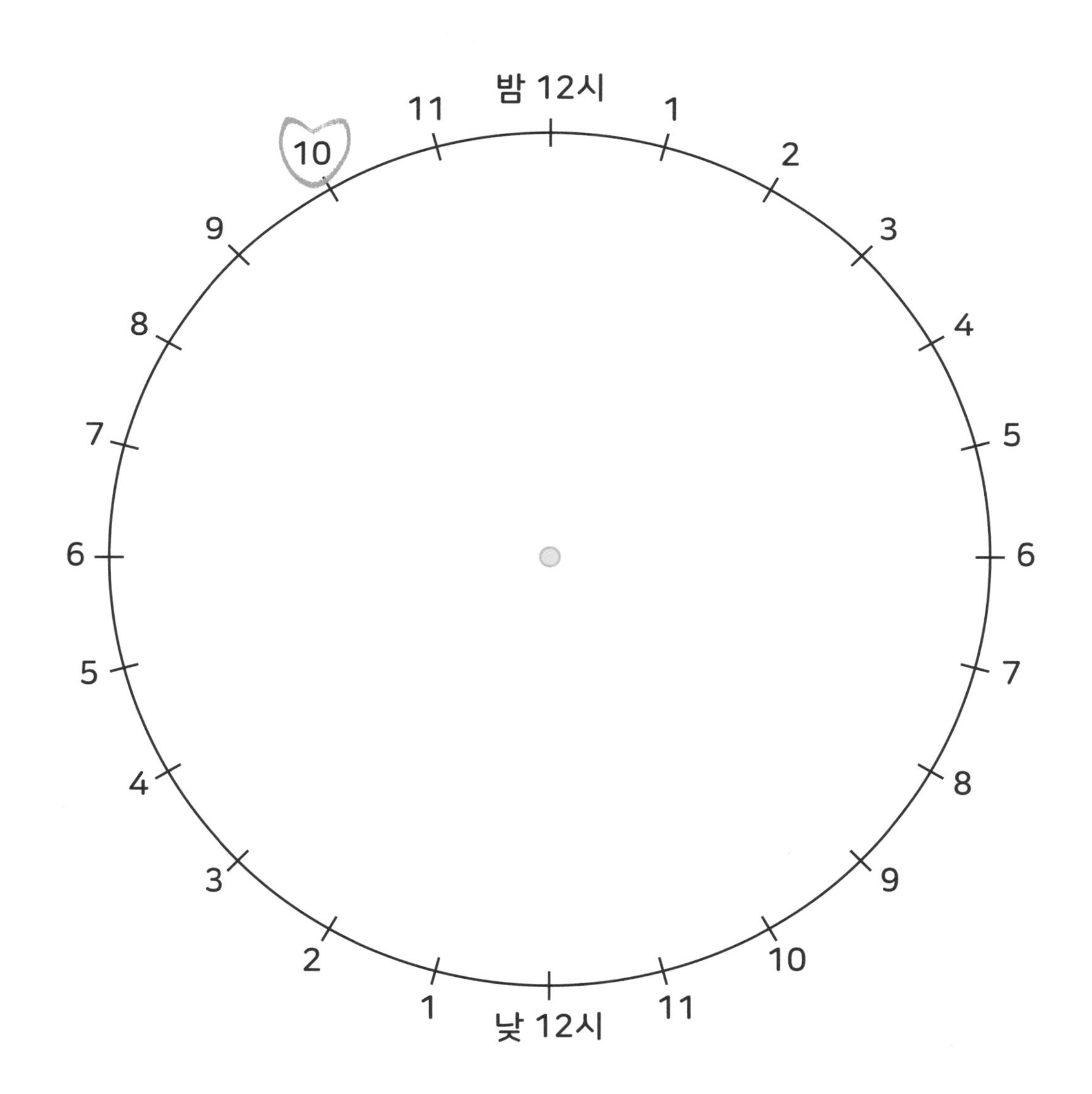

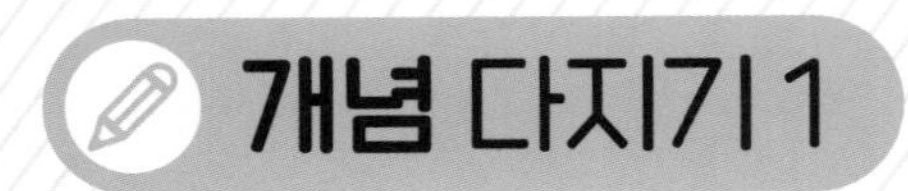

개념 다지기 1

관계있는 것끼리 선으로 연결하세요.

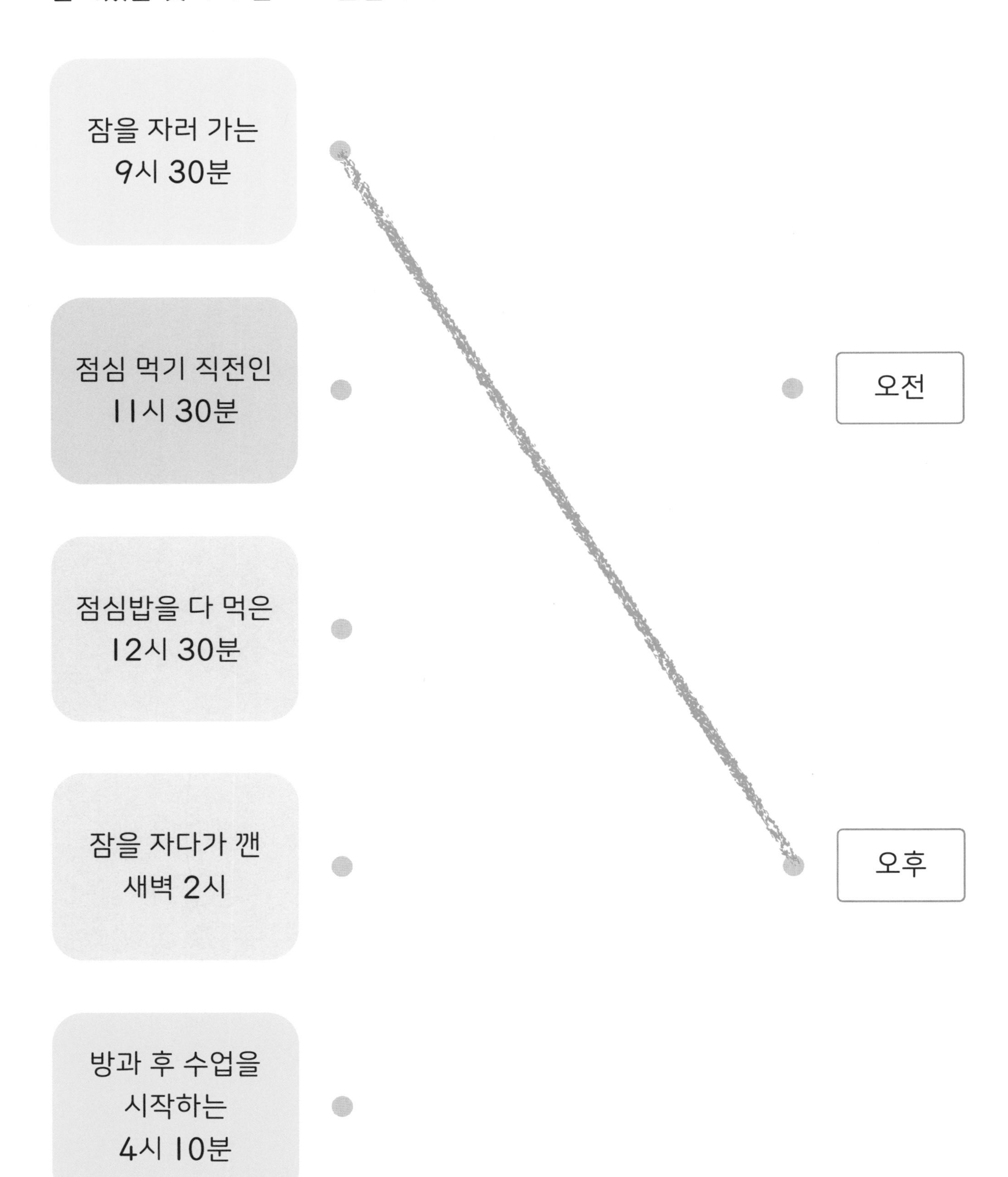

개념 다지기 2

빈칸을 알맞게 채우세요.

- 1일 = [24]시간

- [ ]일 6시간 = 30시간

- 3일 = [ ]시간

- [ ]일 = 48시간

- 1일 [ ]시간 = 40시간

- 2일 2시간 = [ ]시간

개념 마무리 1

두 시계를 보고 시간이 얼마나 지났는지 시간 띠에 나타내어 구하세요.

개념 마무리 2

옳은 설명에 ○표, 틀린 설명에 ╳표 하세요.

- 해가 뜨는 아침은 오전입니다. (○)

- 캄캄하면 항상 오후입니다. (   )

- 하루 중 오후는 12시간입니다. (   )

- 오전은 낮 12시부터 다음날 낮 12시까지입니다. (   )

- 밤 12시 30분은 오전입니다. (   )

- 낮 12시를 정오라고 합니다. (   )

단원 마무리

1

오른쪽 시계가 나타내는 시각을 읽어 보시오.

2

빈칸을 알맞게 채우시오.

2분 40초 = ☐ 초

100분 = ☐ 시간 ☐ 분

2일 = ☐ 시간

3

빈칸에 시간 또는 시각을 알맞게 쓰시오.

㉠ 현재의 ☐ 은 오후 4시 10분 17초이다.

㉡ 점심 ☐ 은 45분이다.

㉢ 학교 수업이 끝나는 ☐ 은 오후 1시 25분이다.

맞은 개수 6개 ◯	매우 잘했어요.
맞은 개수 5개 ◯	실수한 문제를 확인하세요.
맞은 개수 4개 ◯	틀린 문제를 2번씩 풀어 보세요.
맞은 개수 1~3개 ◯	앞부분의 내용을 다시 한번 확인하세요.

4

자를 사용하여 다음 시각을 시계에 알맞게 그려 보시오.

7시 59분 52초

5

빈칸을 알맞게 채우시오.

1일 = 오전 ☐ 시간 + 오후 ☐ 시간 = ☐ 시간

6

지수의 일기에서 잘못 쓴 부분을 모두 찾아 바르게 고치시오.

3월 4일 날씨: 흐림

제목: 할머니 댁

아침 일찍 일어나서 부랴부랴 할머니 댁으로 갔다.
오후 8시에 출발해서 점심 때에 도착했다. 점심을 먹고 나니
오전 1시 30분이었다. 그리고, 할머니 댁 뒷산에 가서…

4 디지털시계

이 단원에서 배울 내용

1. 디지털 숫자
2. 디지털시계
3. 오후를 나타내는 다른 방법

현재의 시각을 이렇게 바로 보여주는 시계를
디지털시계라고 해. 근데 숫자가 조금 다르게 보이지?
자 그럼, 디지털 숫자부터 알려줄게~

1 디지털 숫자

디지털		숫자	디지털		숫자
1	=	1	6	=	6
2	=	2	7	=	7
3	=	3	8	=	8
4	=	4	9	=	9
5	=	5	0	=	0

개념 익히기 1

숫자를 색칠해서 디지털 숫자를 완성하세요.

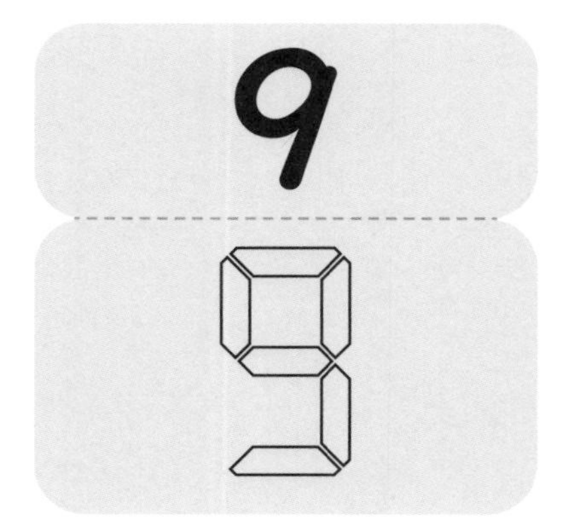

개념 익히기 2

디지털 숫자가 나타내는 수에 ○표 하세요.

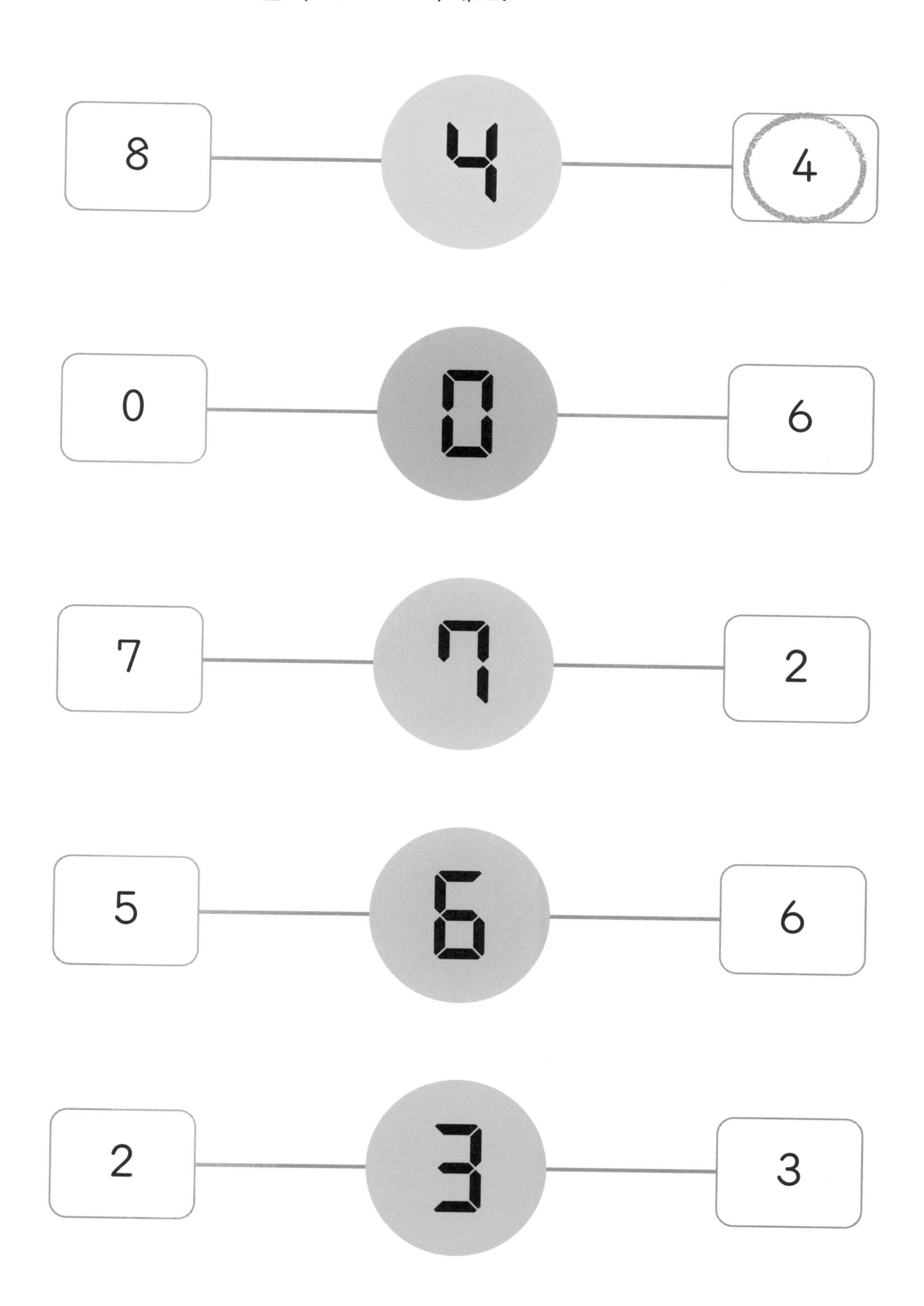

개념 다지기 1

관계있는 것끼리 선으로 이으세요.

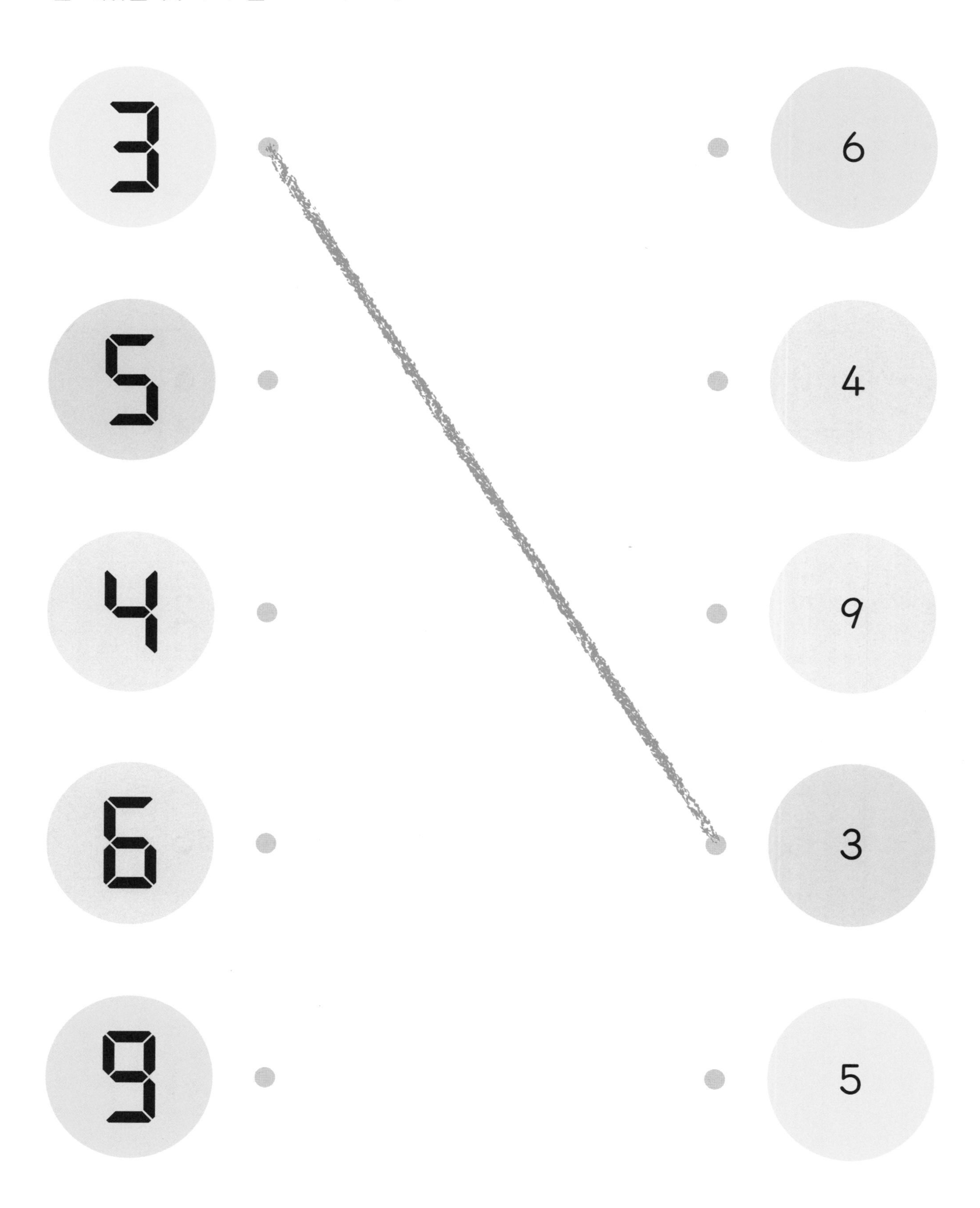

개념 다지기 2

색칠하여 디지털 숫자로 나타내세요.

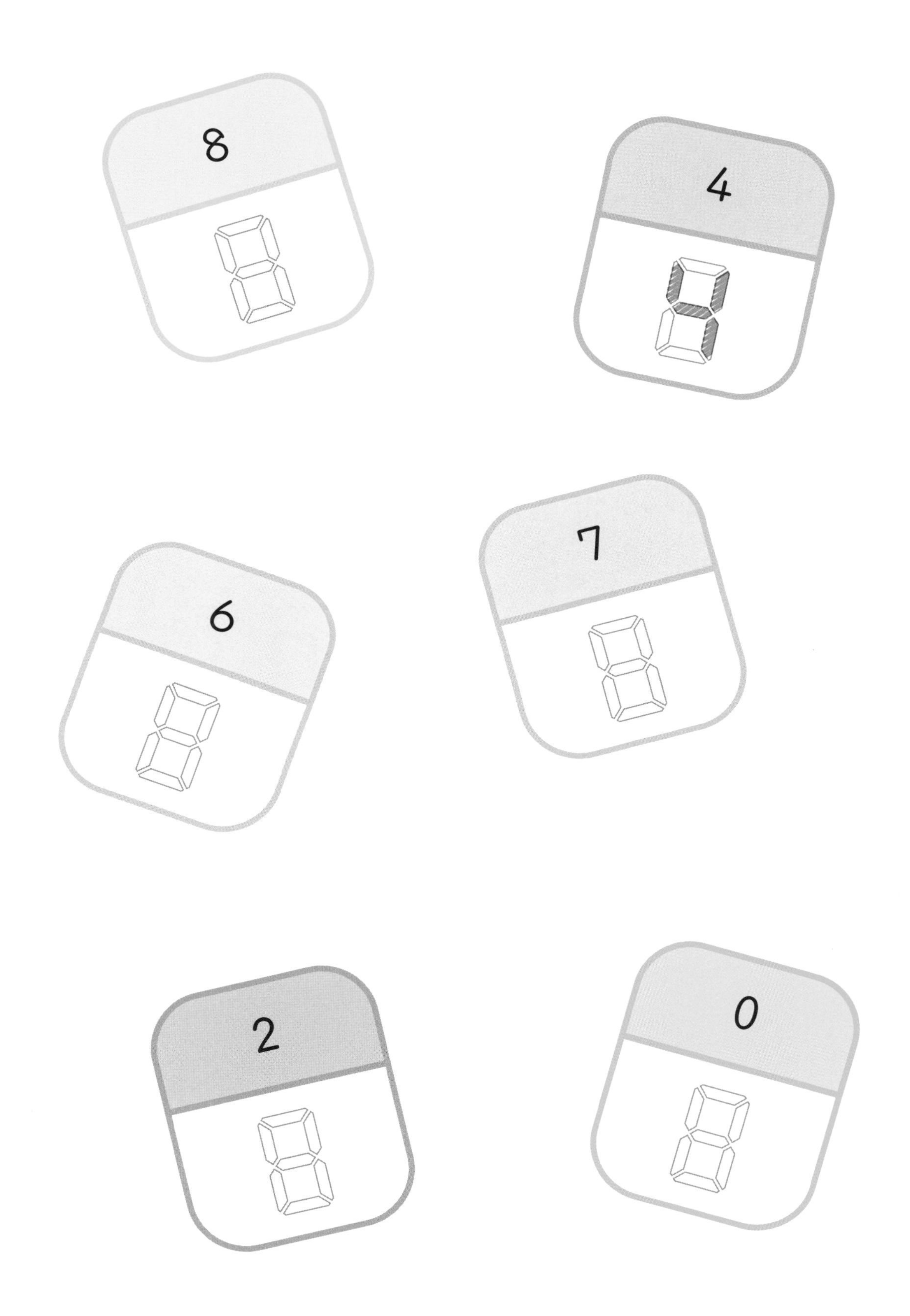

개념 마무리 1

디지털 숫자가 나타내는 수를 쓰세요.

→ 5

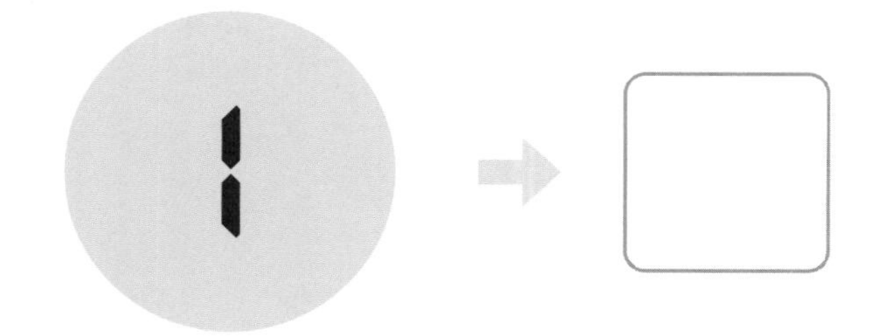

개념 마무리 2

빈칸을 알맞게 색칠하여 좋아하는 수를 디지털 숫자로 만들어 보세요.

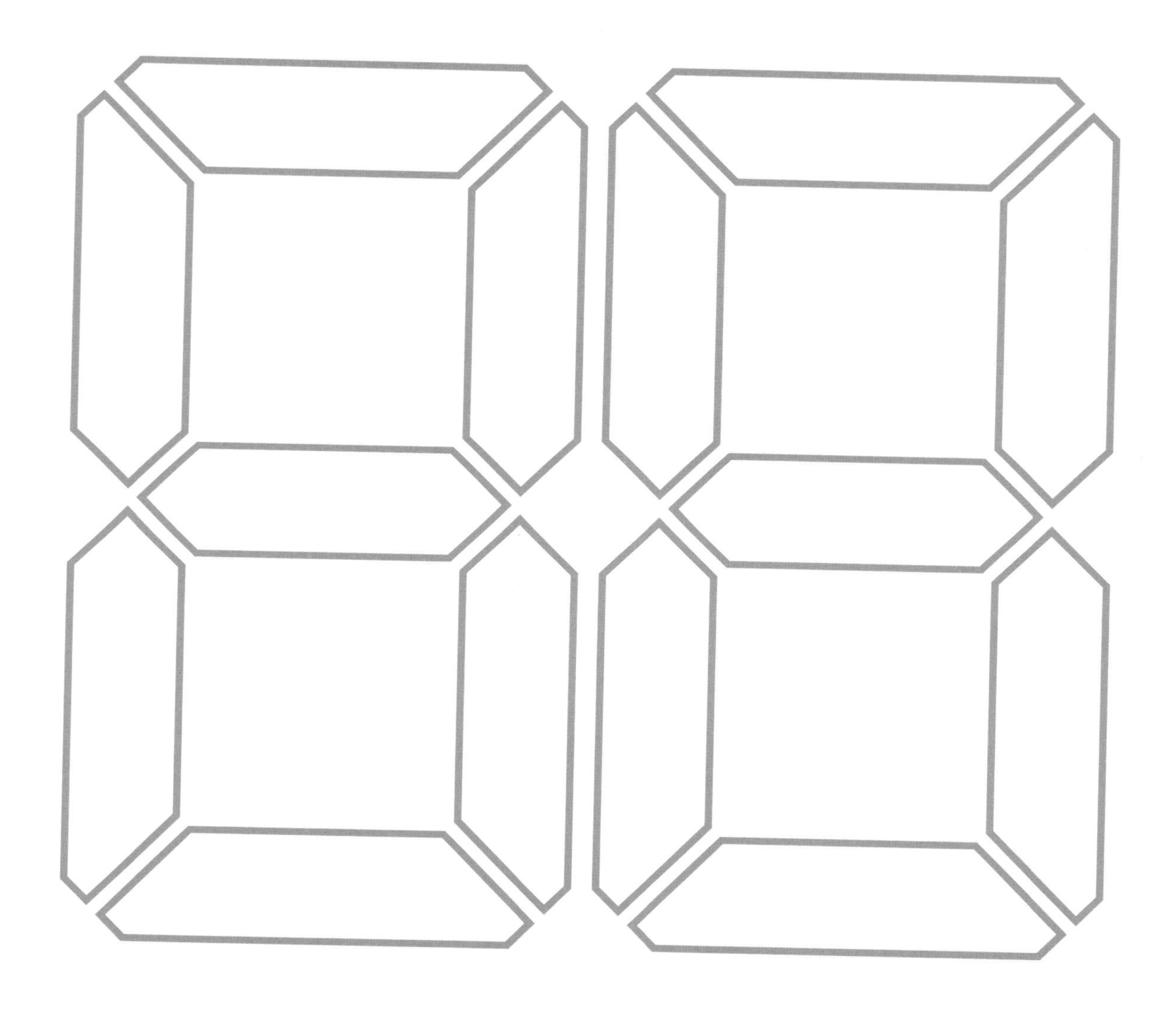

2 디지털시계

개념 익히기 1

시계를 읽어 보세요.

 1시 6분  ➡ ______ ➡ ______

개념 익히기 2

같은 시각을 나타내는 디지털시계에 ○표 하세요.

개념 다지기 1

관계있는 것끼리 선으로 이으세요.

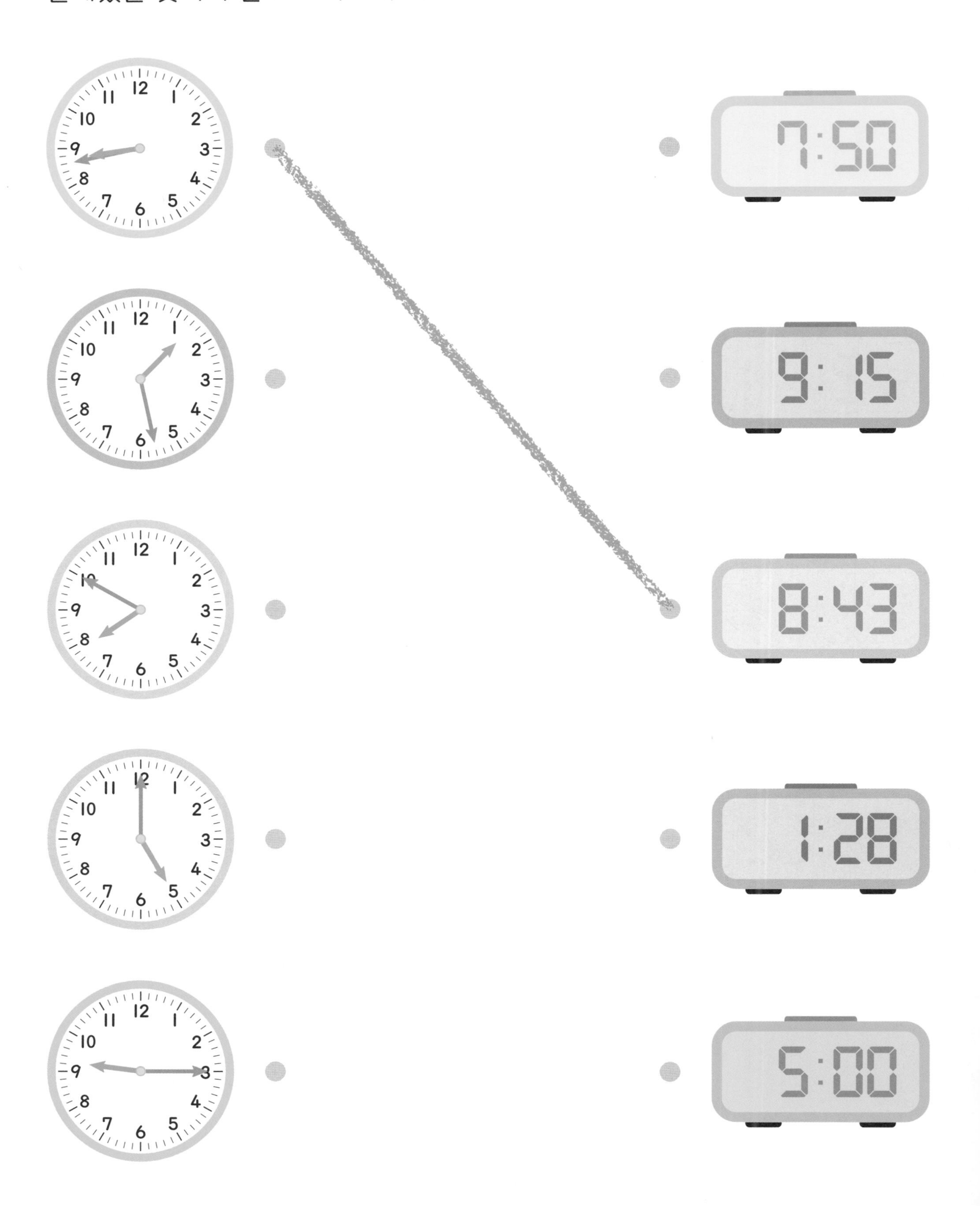

개념 다지기 2

관계있는 것끼리 선으로 이으세요.

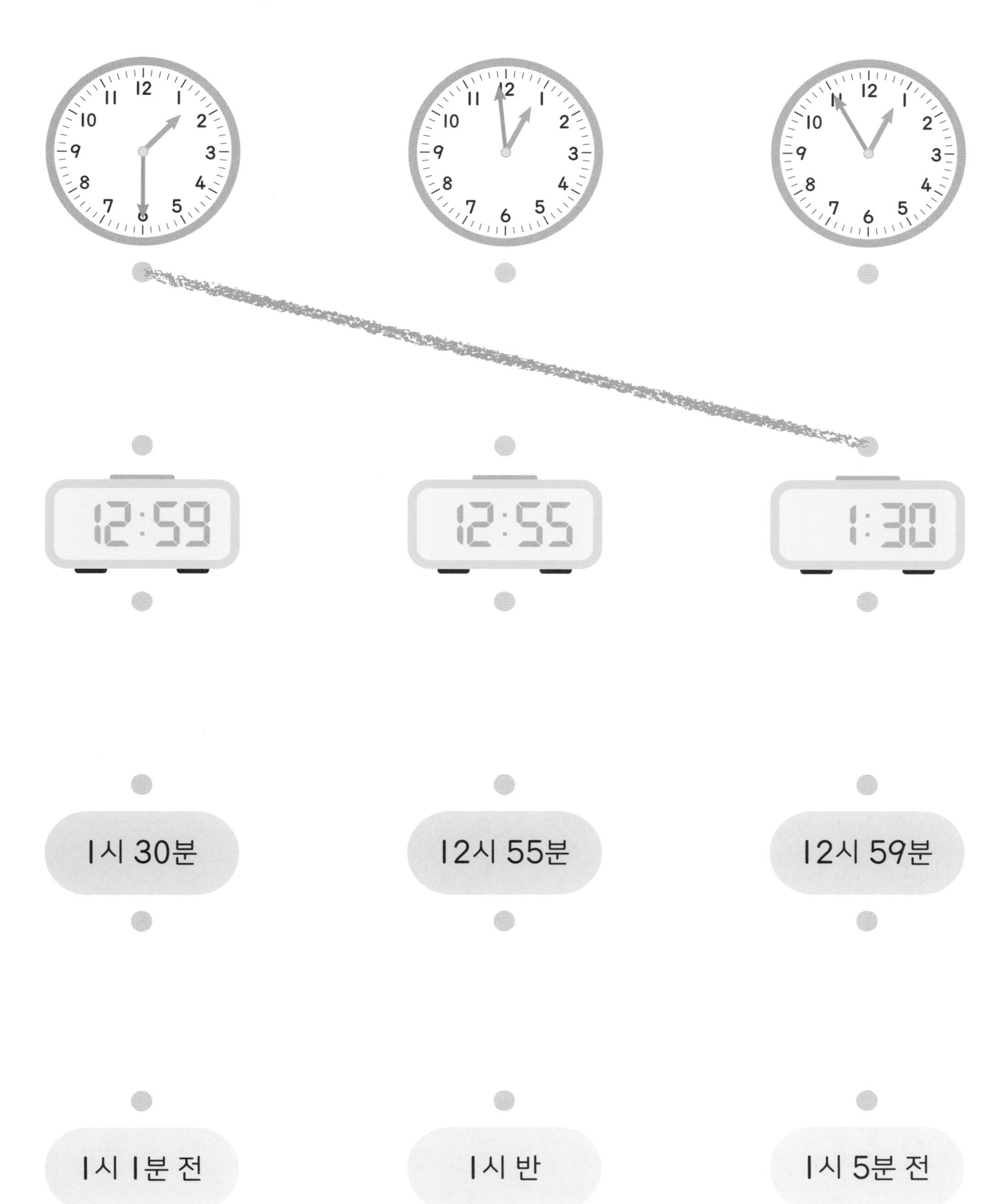

개념 마무리 1

설명에 알맞은 시계에 ○표 하세요.

설명	시계		디지털 시계	
3시 3분 전		○	 3:03	□
6시 반		□	 6:30	□
9시 15분		□	 9:15	□
12시 7분 전		□	 12:07	□
3시와 4시의 한가운데		□	 3:30	□

개념 마무리 2

어제 잠을 자러 간 시각을 두 가지 시계에 각각 나타내고 빈칸을 알맞게 채우세요.

➡ 어제 ☐ 시 ☐ 분에 잠을 자러 갔습니다.

3 오후를 나타내는 다른 방법

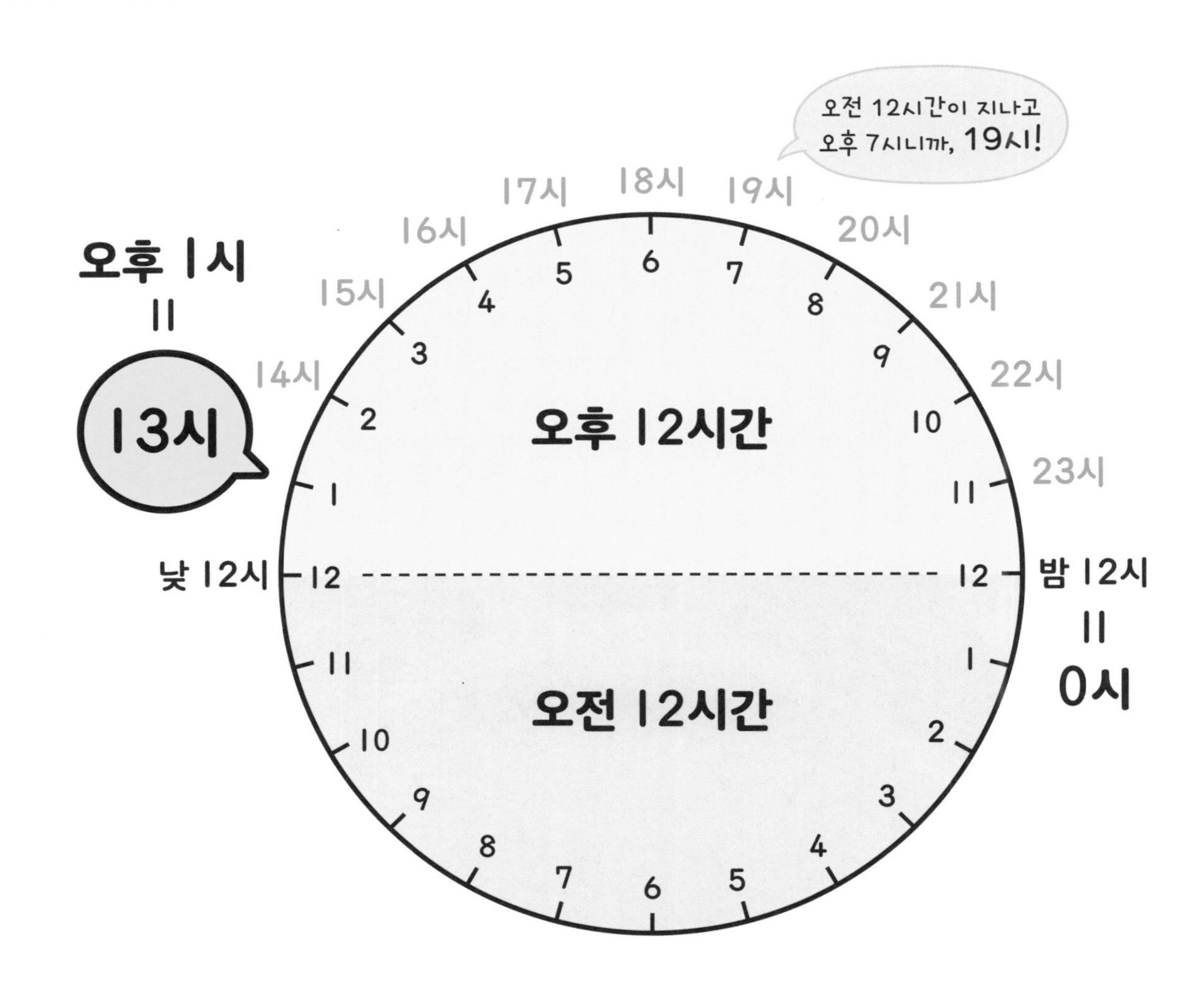

개념 익히기 1

빈칸을 알맞게 채우세요.

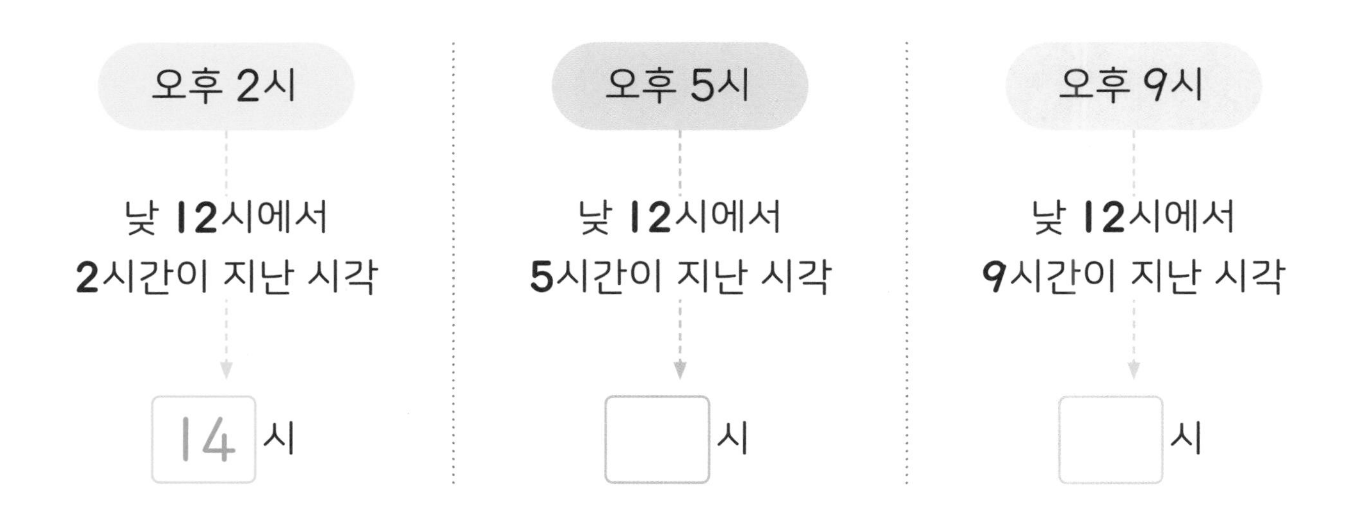

개념 익히기 2

빈칸을 알맞게 채우세요.

오후 1시 = 13 시

오후 4시 = ☐ 시

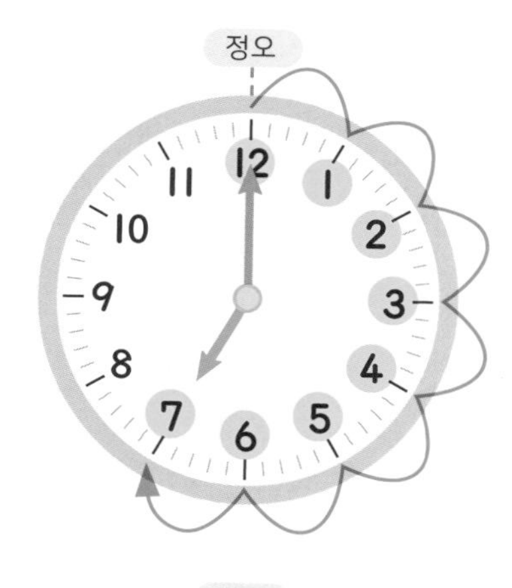

오후 7시 = ☐ 시

오후 10시 = ☐ 시

개념 다지기 1

빈칸을 알맞게 채우세요.

오후 5시 → (12 + 5) → [17] 시

오후 10시 → (12 + 10) → [ ] 시

오후 8시 → (12 + 8) → [ ] 시

오후 6시 → (12 + 6) → [ ] 시

오후 3시 → [ ] 시

오후 11시 → [ ] 시

개념 다지기 2

관계있는 것끼리 선으로 이으세요.

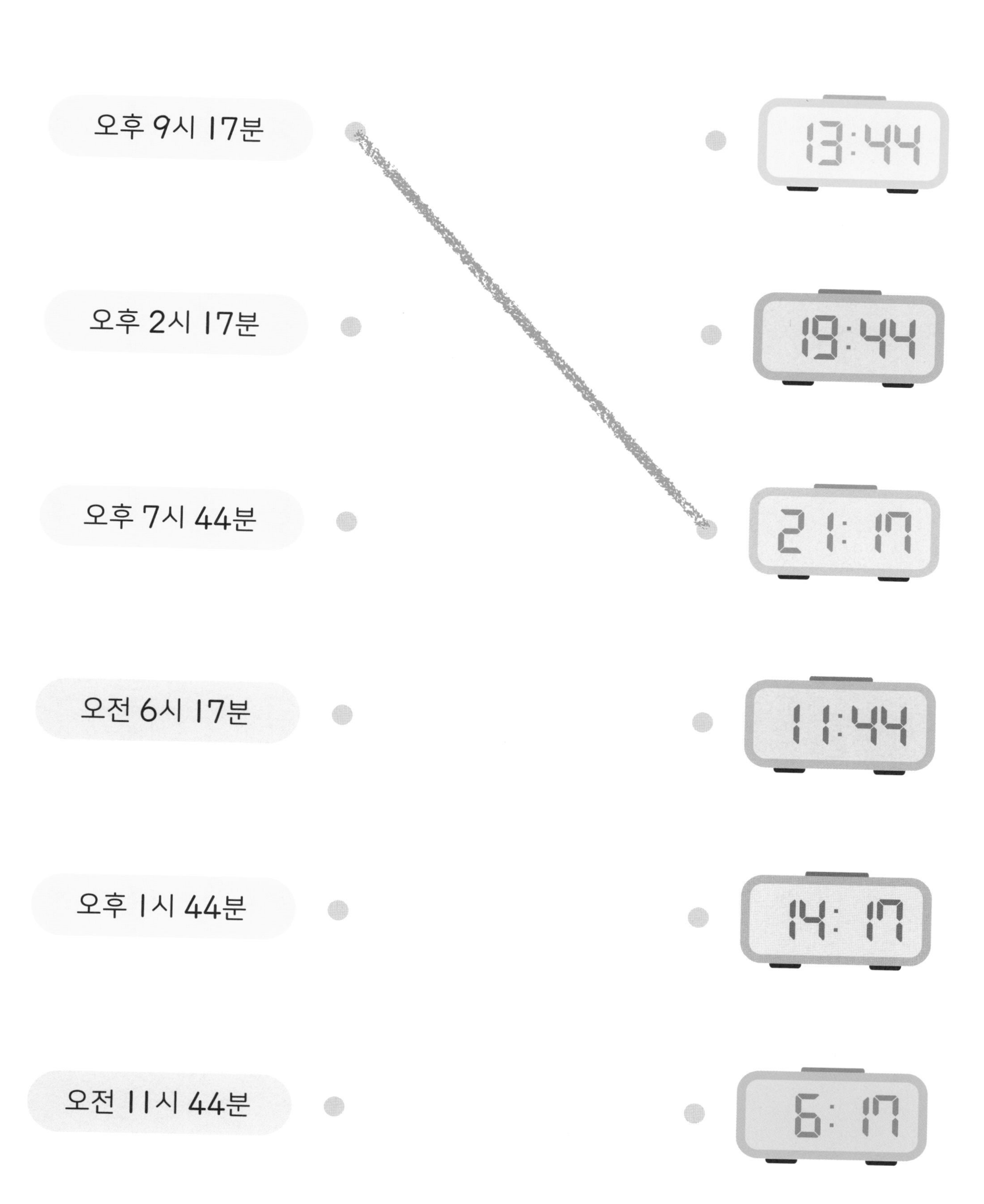

개념 마무리 1

같은 시각이 되도록 빈칸을 알맞게 채우세요.

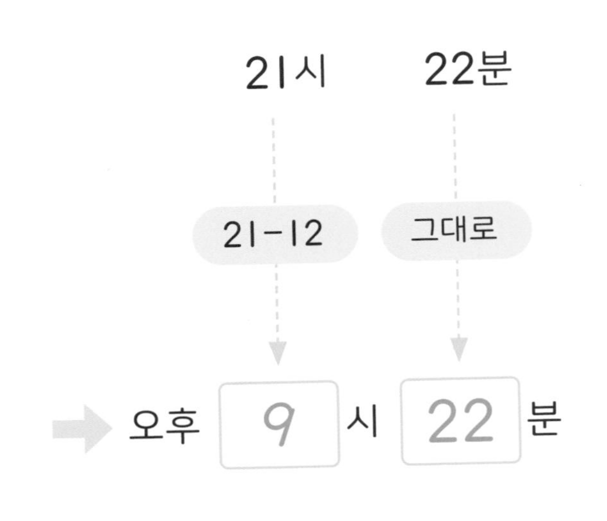

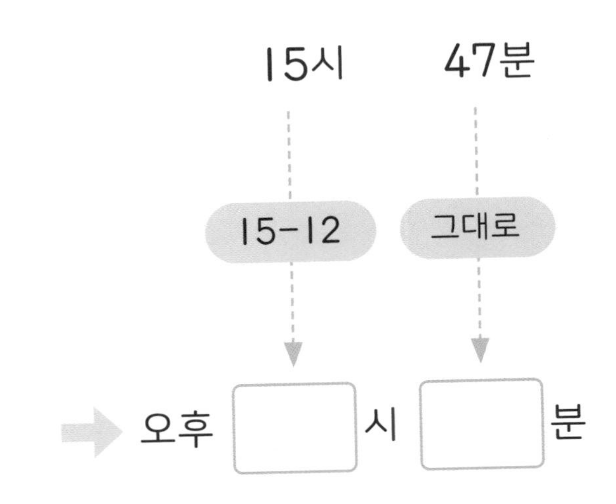

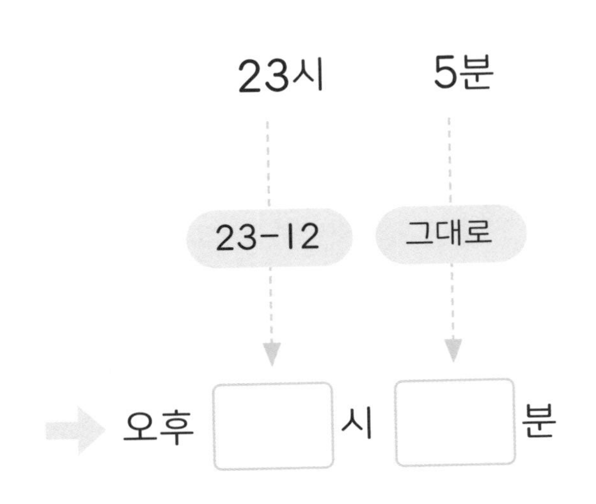

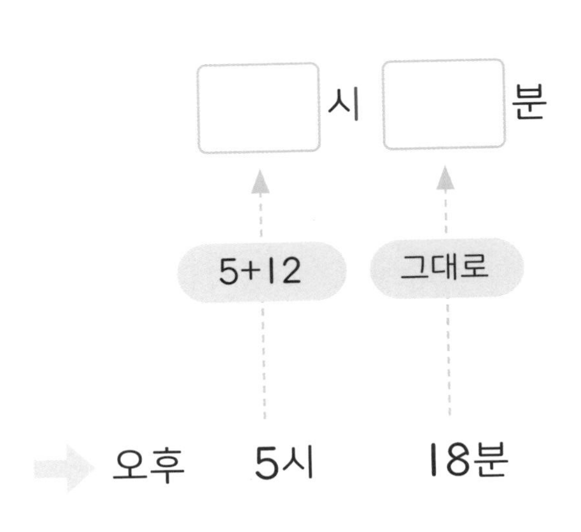

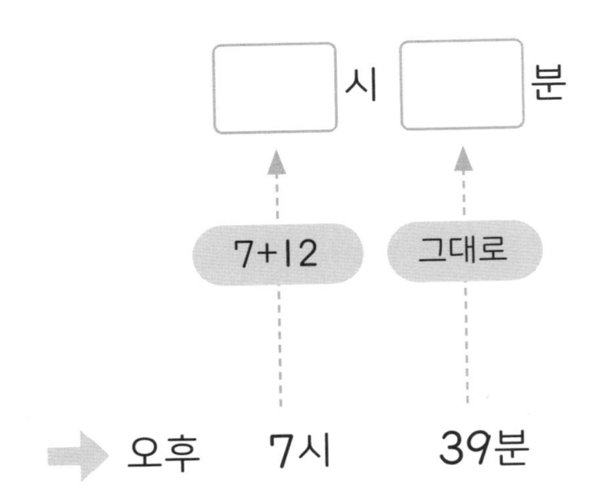

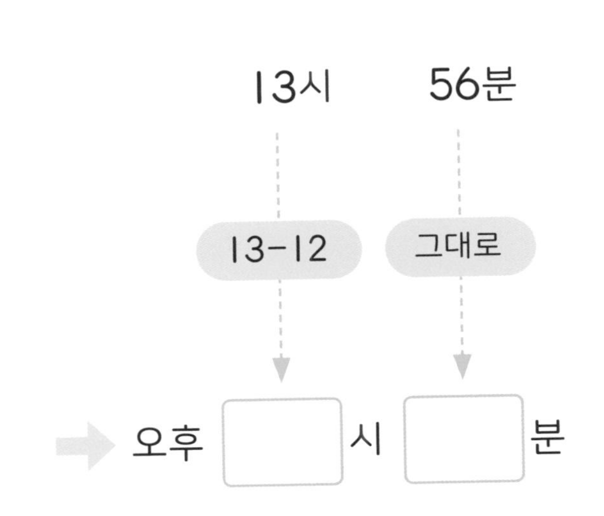

개념 마무리 2

버스 시간표를 보고 물음에 답하세요.

출발 장소	출발 시각	도착 장소	도착 시각
대구	11:45	부산	13:00
광주	13:40	포항	17:30
강릉	19:45	원주	21:05
서울	11:30	안동	14:00

- 대구에서 오전 11시 45분에 출발하면 부산에 도착하는 시각은 오후 몇 시일까요? 오후 1시

- 서울에서 안동까지 걸리는 시간은 몇 시간 몇 분일까요?

- 강릉에서 원주로 출발하는 버스는 오전에 있나요? 아니면 오후에 있나요?

- 포항에 오후 5시 30분에 도착하려면 광주에서 오후 몇 시 몇 분에 출발하면 될까요?

- 강릉에서 19:45에 원주로 출발했다면 도착하는 시각은 오후 몇 시 몇 분일까요?

단원 마무리

1

디지털 숫자가 나타내는 수를 쓰시오.

2

다음 시계가 나타내는 시각을 읽어 보시오.

3

지수는 22시 30분에 자러 갑니다.
지수가 자러 가는 시각이 오후 몇 시 몇 분인지 쓰시오.

맞은 개수 6개	매우 잘했어요.
맞은 개수 5개	실수한 문제를 확인하세요.
맞은 개수 4개	틀린 문제를 2번씩 풀어 보세요.
맞은 개수 1~3개	앞부분의 내용을 다시 한번 확인하세요.

4

설명하는 시각에 알맞게 디지털시계를 색칠하시오.

오전 9시 15분 전

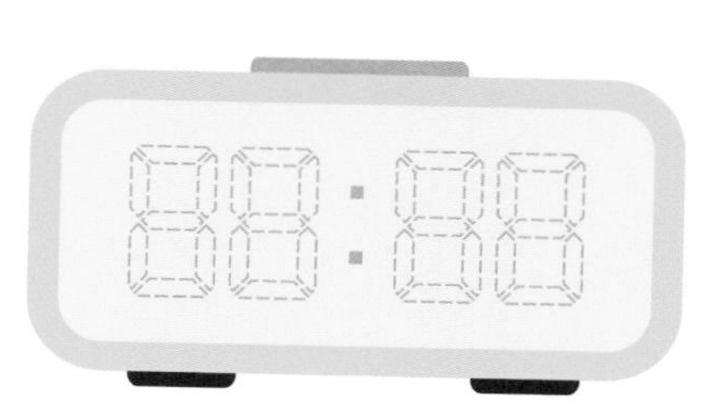

5

빈칸을 알맞게 채우시오.

□시 □분 = 오후 7시 11분

6

같은 시각이 되도록 시계를 알맞게 그리시오.

와와~!
시계가 돌아왔다!

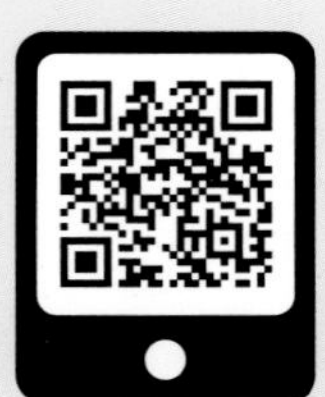

정답 및 해설은 키출판사 홈페이지
(www.keymedia.co.kr)에서도
볼 수 있습니다.

쉽게 배우고 간단히 연습한다!

시계 보기

정답 및 해설

교육 R&D에 앞서가는
키출판사

시계 보기

쉽게 배우고
간단히 연습한다!

정답 및 해설

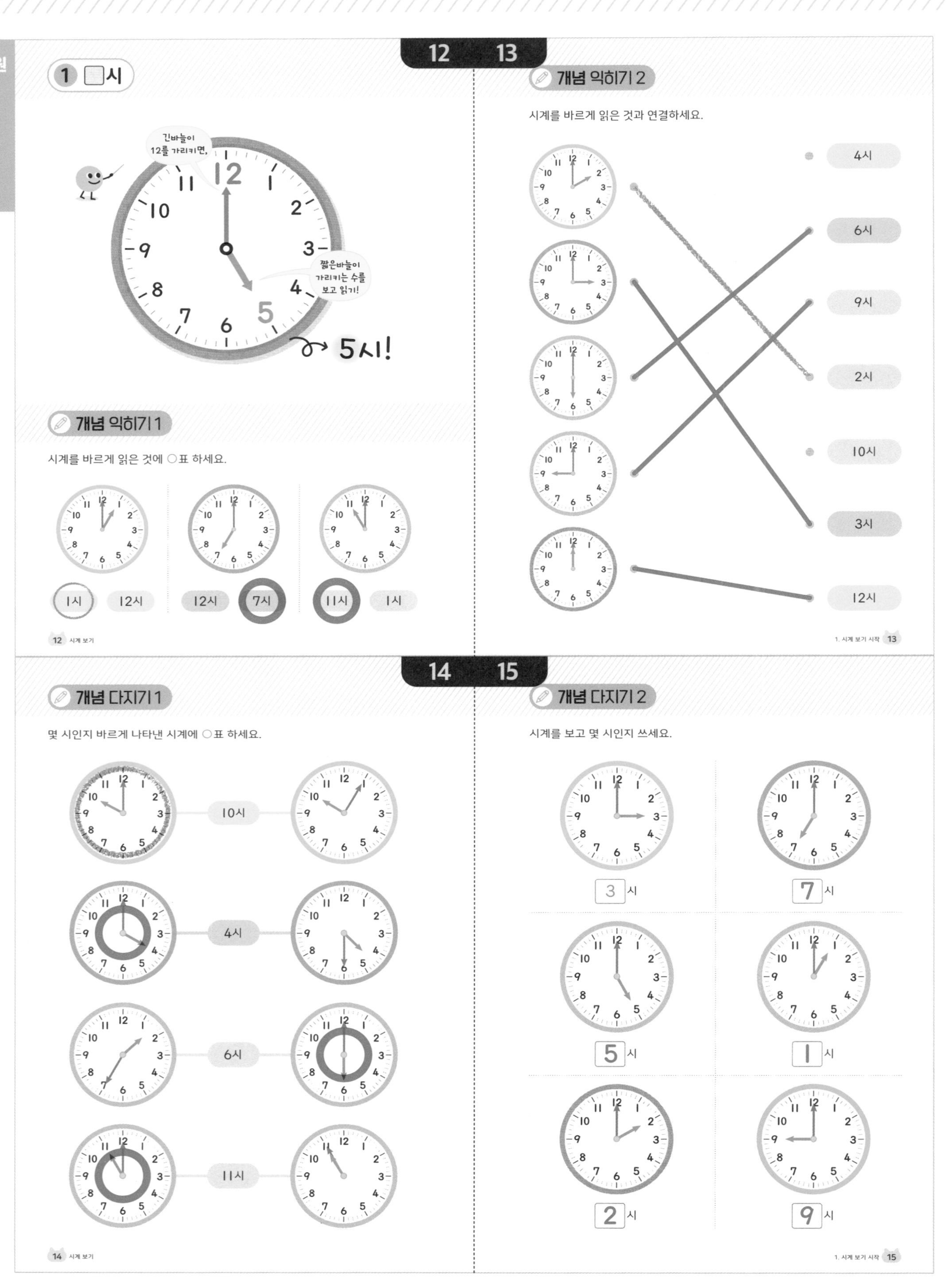

1단원 시계 보기 시작
12 13
1 □시
긴바늘이 12를 가리키면,
짧은바늘이 가리키는 수를 보고 읽기!
5시!
개념 익히기 1
시계를 바르게 읽은 것에 ○표 하세요.
1시 12시
12시 7시
11시 1시
개념 익히기 2
시계를 바르게 읽은 것과 연결하세요.
4시
6시
9시
2시
10시
3시
12시
14 15
개념 다지기 1
몇 시인지 바르게 나타낸 시계에 ○표 하세요.
10시
4시
6시
11시
개념 다지기 2
시계를 보고 몇 시인지 쓰세요.
3 시
7 시
5 시
1 시
2 시
9 시

16

개념 마무리 1

시계를 바르게 읽은 것에 ○표, 틀린 것에 ×표 하세요.

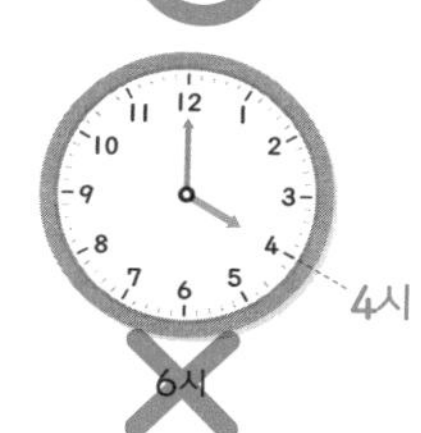

17

개념 마무리 2

자를 사용하여 시계에 바늘을 알맞게 그려 보세요.

18

2 시계에 있는 수

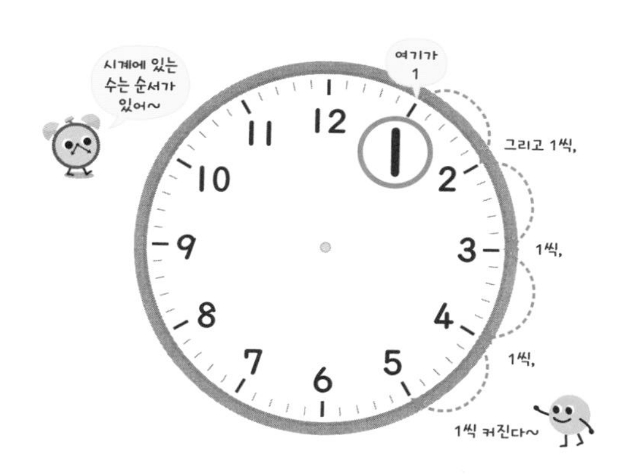

개념 익히기 1

시계에 수를 알맞게 쓰세요.

19

개념 익히기 2

시계에 수를 알맞게 쓰세요.

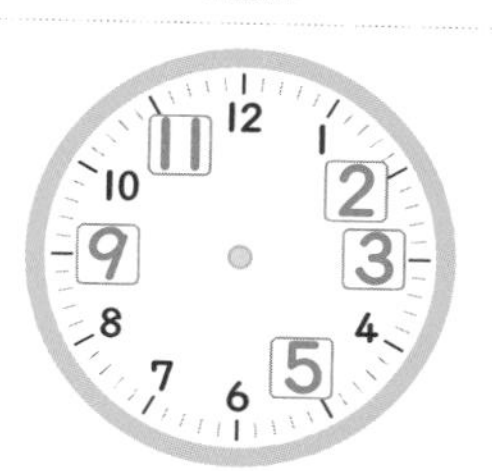

20 21

개념 다지기 1

시계에 빈칸을 채우고, 9시가 되도록 시계에 바늘을 그리세요.

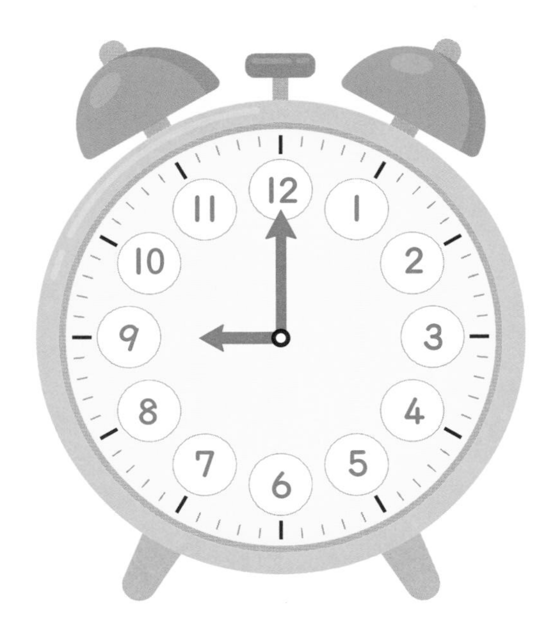

20 시계 보기

개념 다지기 2

틀린 부분에 ×표 하고, 바르게 고치세요.

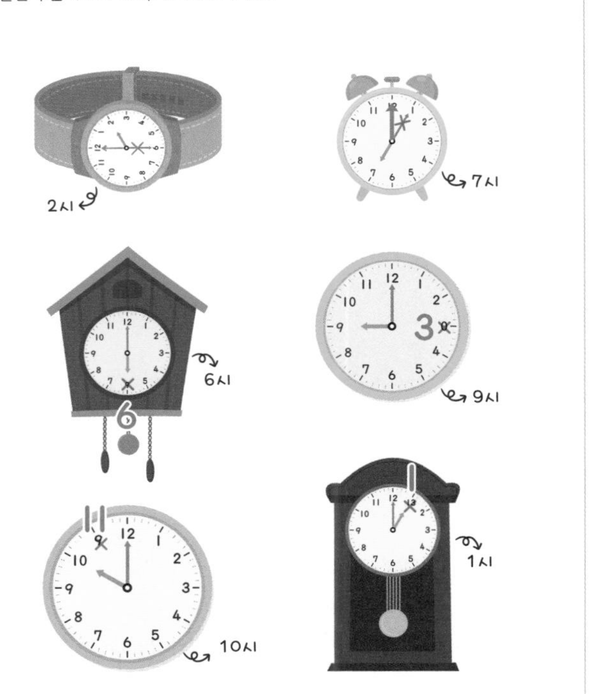

1. 시계 보기 시작 21

22 23

개념 마무리 1

우리 주변에는 수가 없는 시계도 있어요. 수가 없는 시계를 읽어 보세요.

22 시계 보기

개념 마무리 2

자를 사용하여 시계에 바늘을 알맞게 그려 보세요.

1. 시계 보기 시작 23

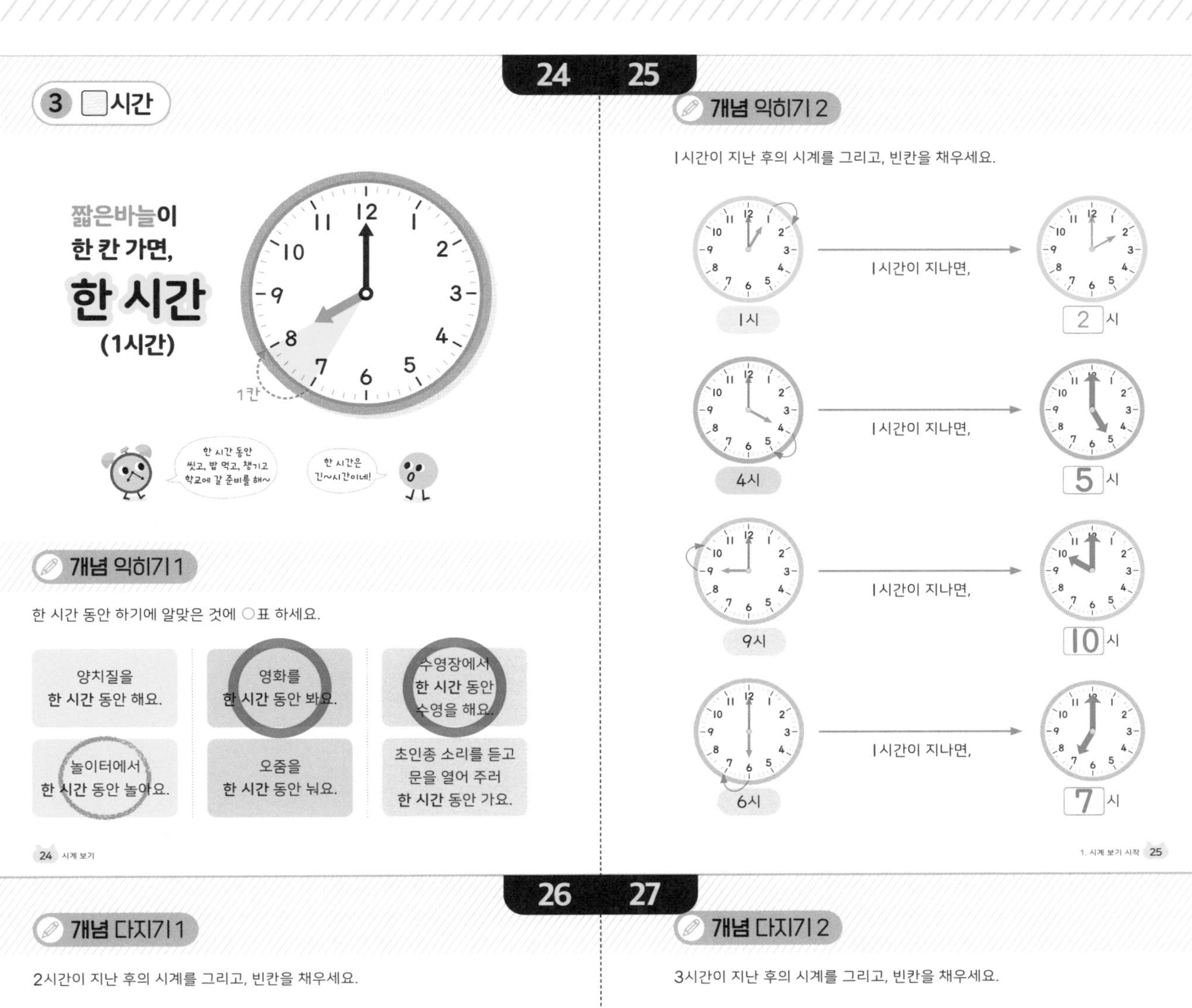
24 25
3 □시간
짧은바늘이
한 칸 가면,
한 시간
(1시간)
1칸
한 시간 동안 씻고, 밥 먹고, 챙기고 학교에 갈 준비를 해~
한 시간은 긴~시간이네!
개념 익히기 1
한 시간 동안 하기에 알맞은 것에 ○표 하세요.
양치질을 한 시간 동안 해요.
영화를 한 시간 동안 봐요.
수영장에서 한 시간 동안 수영을 해요.
놀이터에서 한 시간 동안 놀아요.
오줌을 한 시간 동안 눠요.
초인종 소리를 듣고 문을 열어 주러 한 시간 동안 가요.
24 시계 보기
개념 익히기 2
1시간이 지난 후의 시계를 그리고, 빈칸을 채우세요.
1시 1시간이 지나면, 2시
4시 1시간이 지나면, 5시
9시 1시간이 지나면, 10시
6시 1시간이 지나면, 7시
1. 시계 보기 시작 25

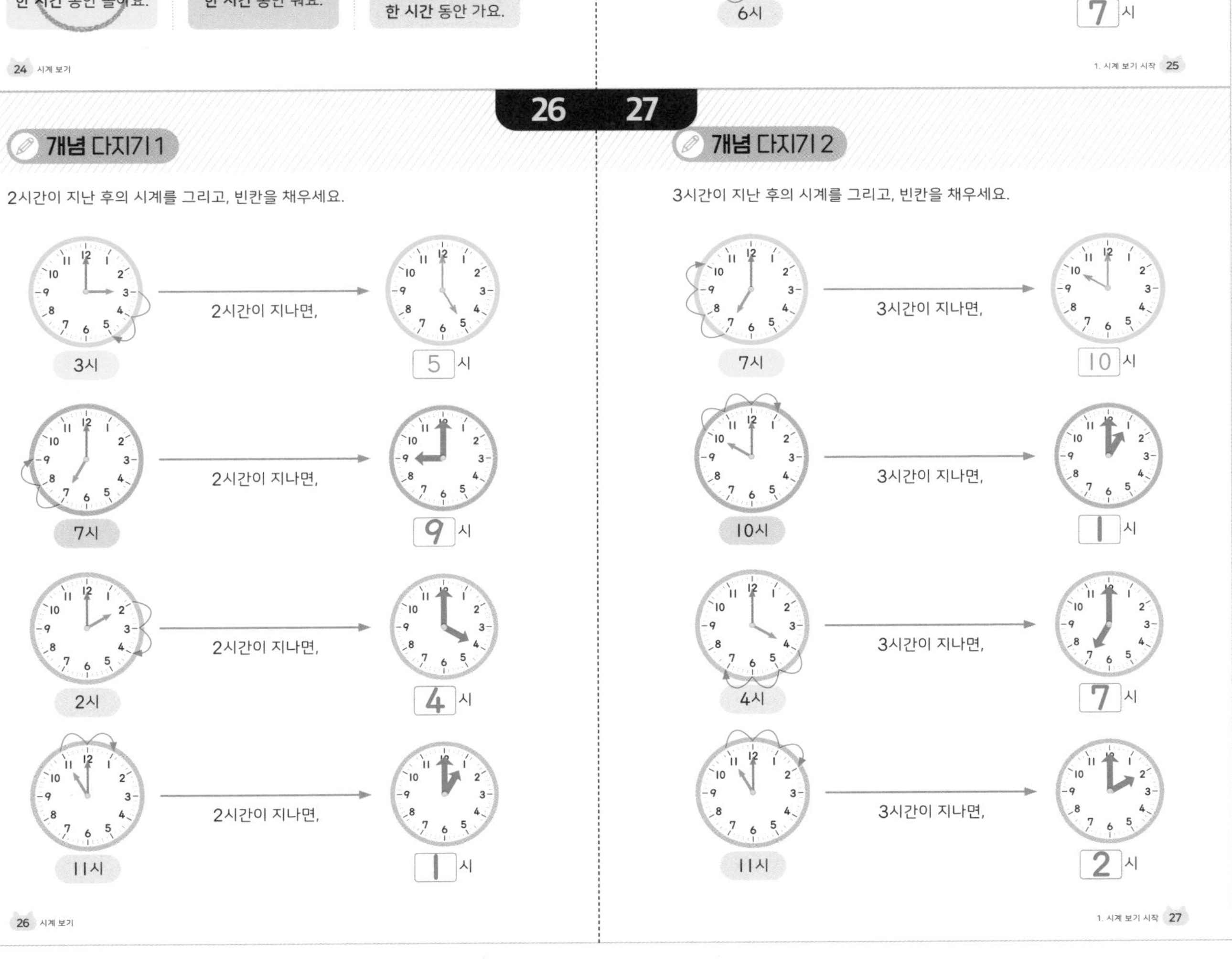
26 27
개념 다지기 1
2시간이 지난 후의 시계를 그리고, 빈칸을 채우세요.
3시 2시간이 지나면, 5시
7시 2시간이 지나면, 9시
2시 2시간이 지나면, 4시
11시 2시간이 지나면, 1시
26 시계 보기
개념 다지기 2
3시간이 지난 후의 시계를 그리고, 빈칸을 채우세요.
7시 3시간이 지나면, 10시
10시 3시간이 지나면, 1시
4시 3시간이 지나면, 7시
11시 3시간이 지나면, 2시
1. 시계 보기 시작 27

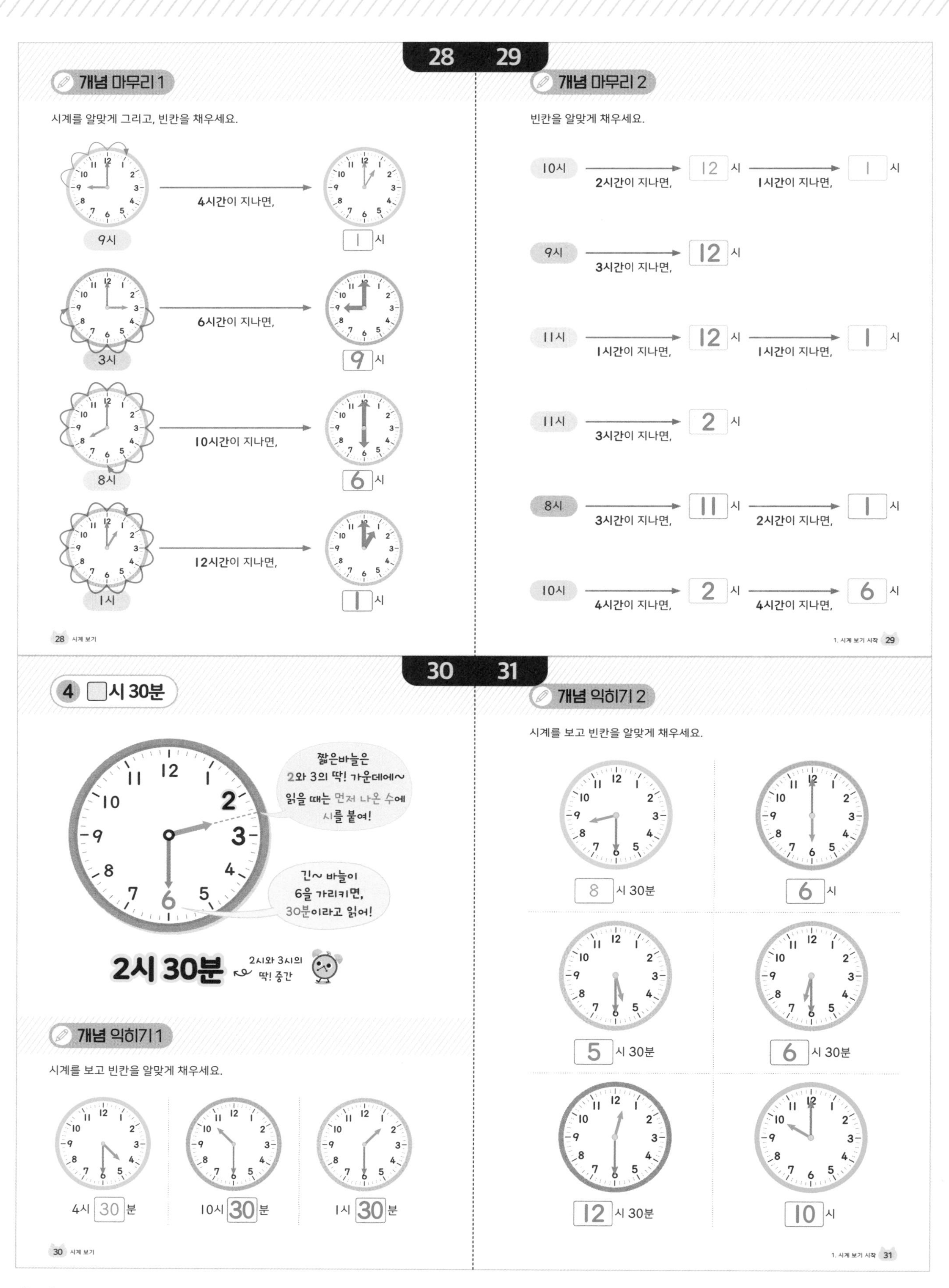

28 29

개념 마무리 1

시계를 알맞게 그리고, 빈칸을 채우세요.

9시 — 4시간이 지나면, → 1 시

3시 — 6시간이 지나면, → 9 시

8시 — 10시간이 지나면, → 6 시

1시 — 12시간이 지나면, → 1 시

28 시계 보기

개념 마무리 2

빈칸을 알맞게 채우세요.

10시 — 2시간이 지나면, → 12 시 — 1시간이 지나면, → 1 시

9시 — 3시간이 지나면, → 12 시

11시 — 1시간이 지나면, → 12 시 — 1시간이 지나면, → 1 시

11시 — 3시간이 지나면, → 2 시

8시 — 3시간이 지나면, → 11 시 — 2시간이 지나면, → 1 시

10시 — 4시간이 지나면, → 2 시 — 4시간이 지나면, → 6 시

1. 시계 보기 시작 29

30 31

4 □시 30분

2시 30분 2시와 3시의 딱! 중간

개념 익히기 1

시계를 보고 빈칸을 알맞게 채우세요.

4시 30 분 | 10시 30 분 | 1시 30 분

30 시계 보기

개념 익히기 2

시계를 보고 빈칸을 알맞게 채우세요.

8 시 30분 | 6 시

5 시 30분 | 6 시 30분

12 시 30분 | 10 시

1. 시계 보기 시작 31

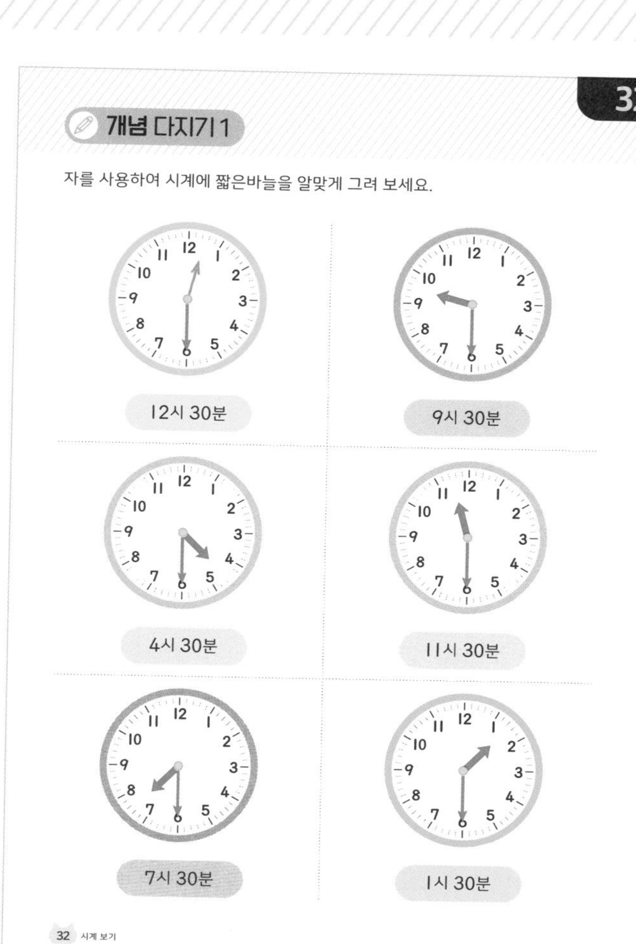

32

개념 다지기 1

자를 사용하여 시계에 짧은바늘을 알맞게 그려 보세요.

12시 30분

9시 30분

4시 30분

11시 30분

7시 30분

1시 30분

32 시계 보기

33

개념 다지기 2

시계를 읽어 보세요.

→ 6시 30분

→ 2시 30분

→ 12시

→ 8시 30분

→ 10시 30분

→ 5시 30분

1. 시계 보기 시작 33

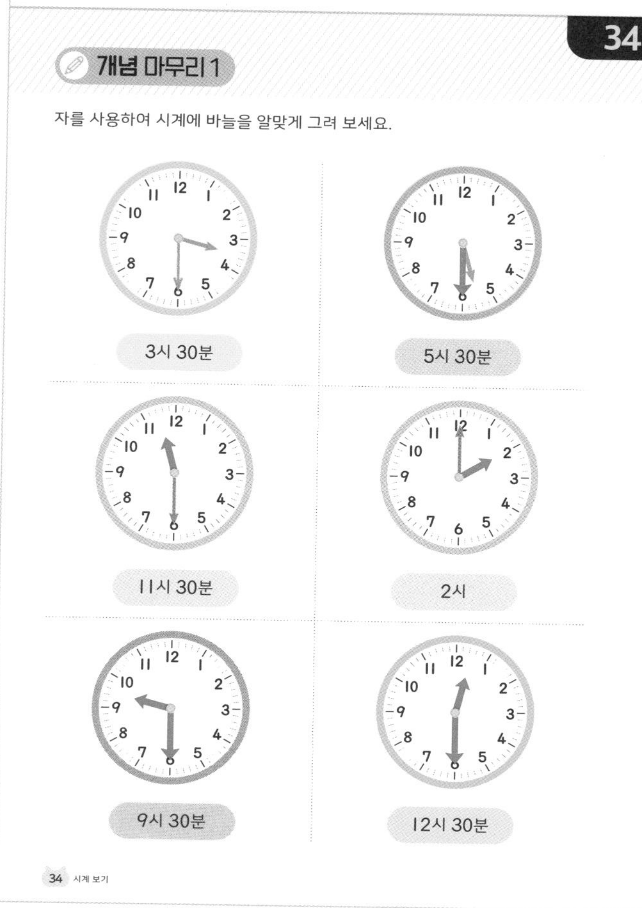

34

개념 마무리 1

자를 사용하여 시계에 바늘을 알맞게 그려 보세요.

3시 30분

5시 30분

11시 30분

2시

9시 30분

12시 30분

34 시계 보기

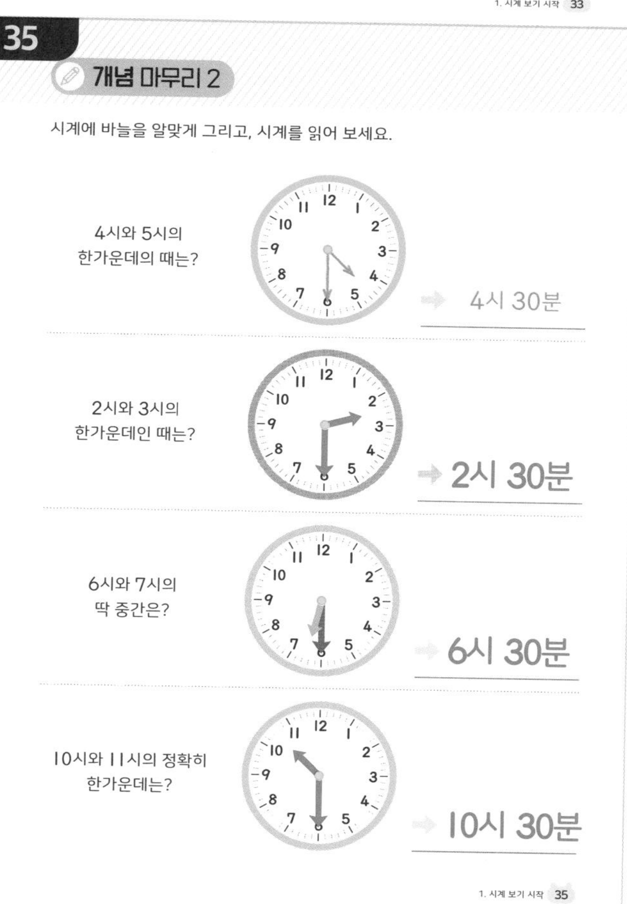

35

개념 마무리 2

시계에 바늘을 알맞게 그리고, 시계를 읽어 보세요.

4시와 5시의 한가운데의 때는? → 4시 30분

2시와 3시의 한가운데인 때는? → 2시 30분

6시와 7시의 딱 중간은? → 6시 30분

10시와 11시의 정확히 한가운데는? → 10시 30분

1. 시계 보기 시작 35

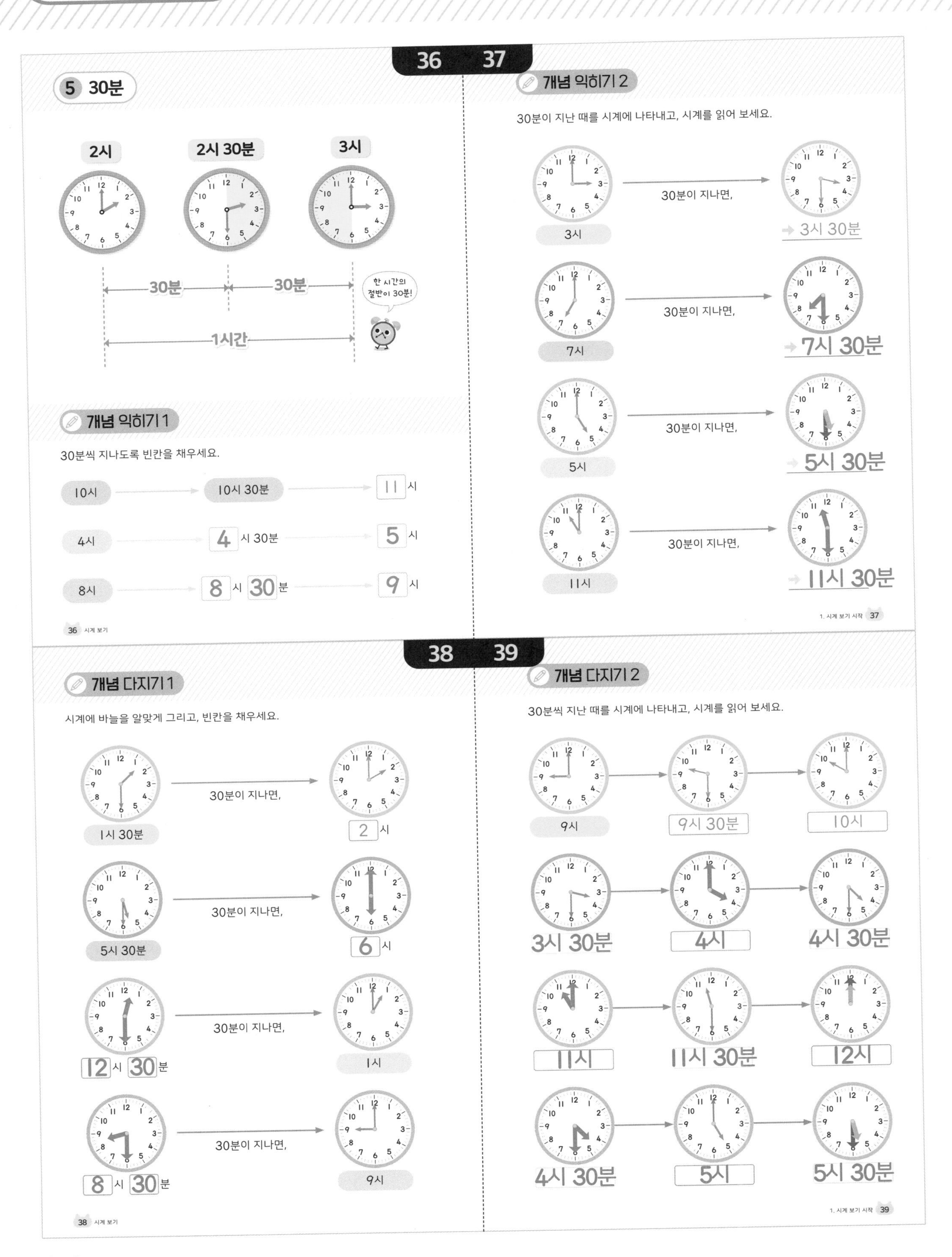

36 37

5 30분

2시 2시 30분 3시

30분 30분

1시간

개념 익히기 1

30분씩 지나도록 빈칸을 채우세요.

10시 → 10시 30분 → 11 시

4시 → 4 시 30분 → 5 시

8시 → 8 시 30 분 → 9 시

36 시계 보기

개념 익히기 2

30분이 지난 때를 시계에 나타내고, 시계를 읽어 보세요.

3시 → 30분이 지나면, → 3시 30분

7시 → 30분이 지나면, → 7시 30분

5시 → 30분이 지나면, → 5시 30분

11시 → 30분이 지나면, → 11시 30분

1. 시계 보기 시작 37

38 39

개념 다지기 1

시계에 바늘을 알맞게 그리고, 빈칸을 채우세요.

1시 30분 → 30분이 지나면, → 2 시

5시 30분 → 30분이 지나면, → 6 시

12 시 30 분 → 30분이 지나면, → 1시

8 시 30 분 → 30분이 지나면, → 9시

38 시계 보기

개념 다지기 2

30분씩 지난 때를 시계에 나타내고, 시계를 읽어 보세요.

9시 → 9시 30분 → 10시

3시 30분 → 4시 → 4시 30분

11시 → 11시 30분 → 12시

4시 30분 → 5시 → 5시 30분

1. 시계 보기 시작 39

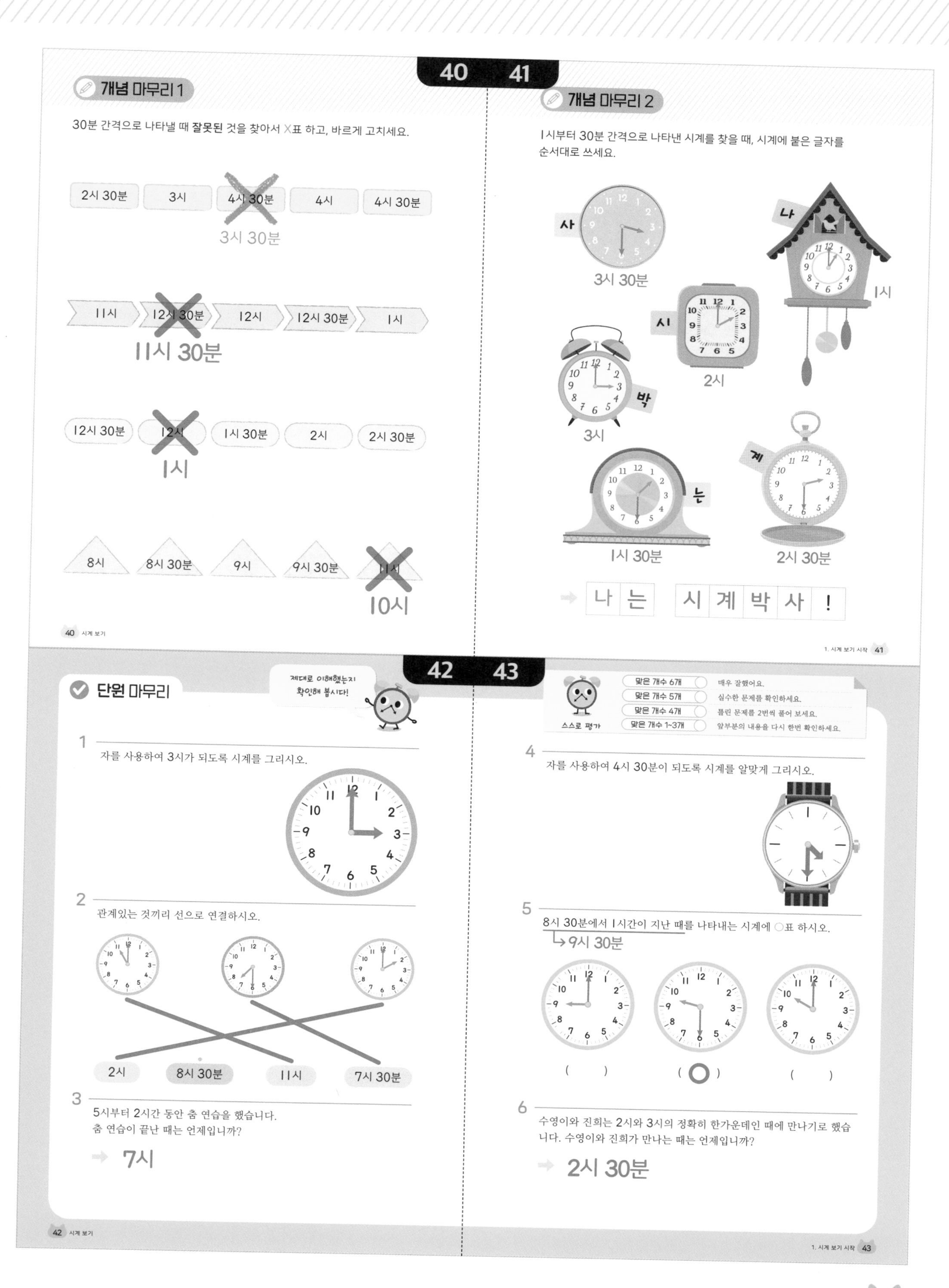
40 41

개념 마무리 1

30분 간격으로 나타낼 때 **잘못된** 것을 찾아서 ×표 하고, 바르게 고치세요.

2시 30분 / 3시 / ~~4시 30분~~ → 3시 30분 / 4시 / 4시 30분

11시 / ~~12시 30분~~ → 11시 30분 / 12시 / 12시 30분 / 1시

12시 30분 / ~~12시~~ → 1시 / 1시 30분 / 2시 / 2시 30분

8시 / 8시 30분 / 9시 / 9시 30분 / ~~11시~~ → 10시

40 시계 보기

개념 마무리 2

1시부터 30분 간격으로 나타낸 시계를 찾을 때, 시계에 붙은 글자를 순서대로 쓰세요.

사: 3시 30분 / 나: 1시 / 시: 2시 / 박: 3시 / 는: 1시 30분 / 계: 2시 30분

→ 나 는 시 계 박 사 !

1. 시계 보기 시작 41

42 43

단원 마무리

제대로 이해했는지 확인해 봅시다!

맞은 개수 6개	매우 잘했어요.
맞은 개수 5개	실수한 문제를 확인하세요.
맞은 개수 4개	틀린 문제를 2번씩 풀어 보세요.
맞은 개수 1~3개	앞부분의 내용을 다시 한번 확인하세요.

스스로 평가

1 자를 사용하여 3시가 되도록 시계를 그리시오.

2 관계있는 것끼리 선으로 연결하시오.

2시 / 8시 30분 / 11시 / 7시 30분

3 5시부터 2시간 동안 춤 연습을 했습니다. 춤 연습이 끝난 때는 언제입니까?

→ 7시

42 시계 보기

4 자를 사용하여 4시 30분이 되도록 시계를 알맞게 그리시오.

5 8시 30분에서 1시간이 지난 때를 나타내는 시계에 ○표 하시오.

↳ 9시 30분

( ) (○) ( )

6 수영이와 진희는 2시와 3시의 정확히 한가운데인 때에 만나기로 했습니다. 수영이와 진희가 만나는 때는 언제입니까?

→ 2시 30분

1. 시계 보기 시작 43

정답 및 해설

46 47

1 5씩 뛰어 세기

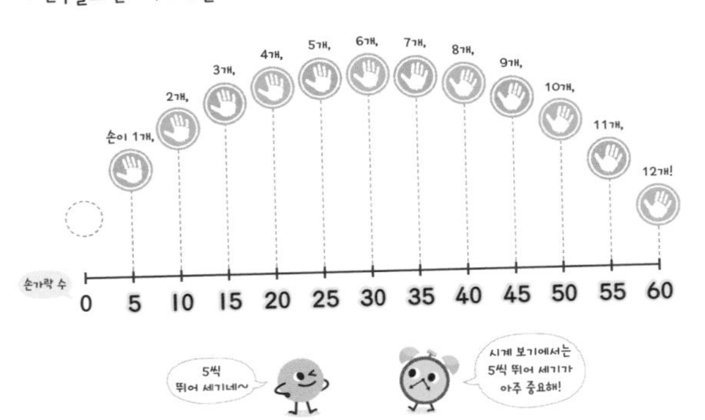

개념 익히기 1

5씩 뛰어 세기를 하며 빈칸을 채우세요.

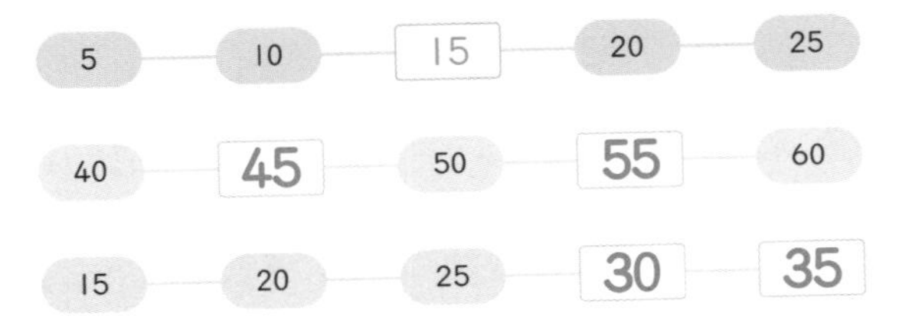

개념 익히기 2

5씩 뛰어 세기를 하면서 빈칸을 알맞게 채우세요.

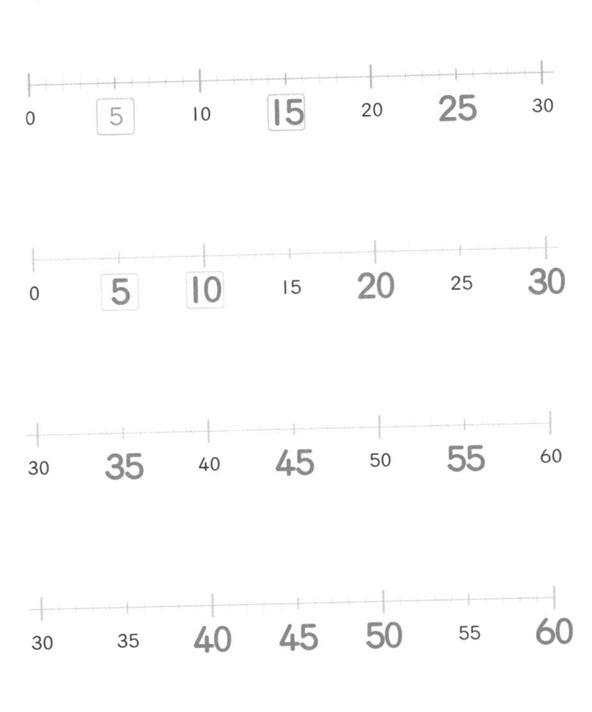

48 49

개념 다지기 1

5씩 뛰어서 센 수를 순서대로 연결하세요.

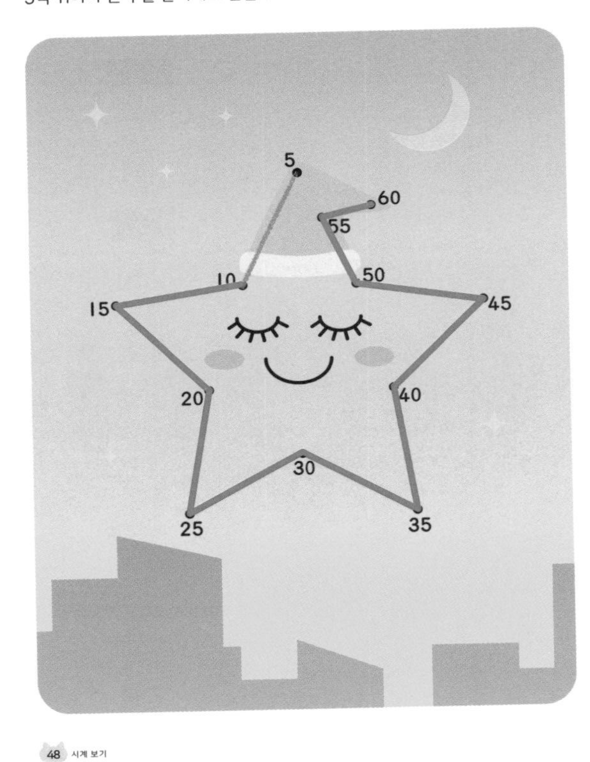

개념 다지기 2

5씩 뛰어 세기에서 틀린 곳을 찾아서 ×표 하고, 바르게 고치세요.

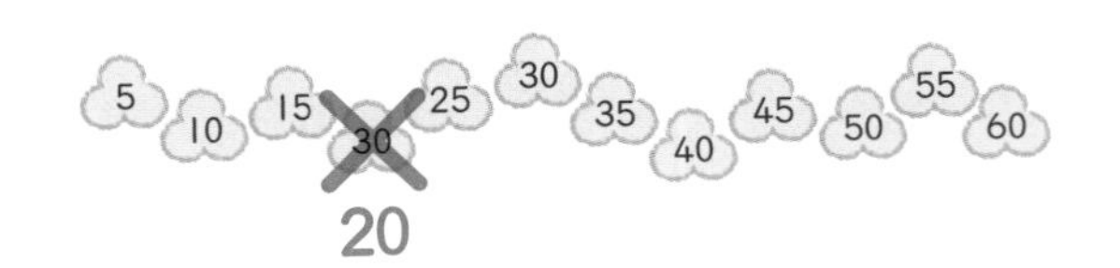

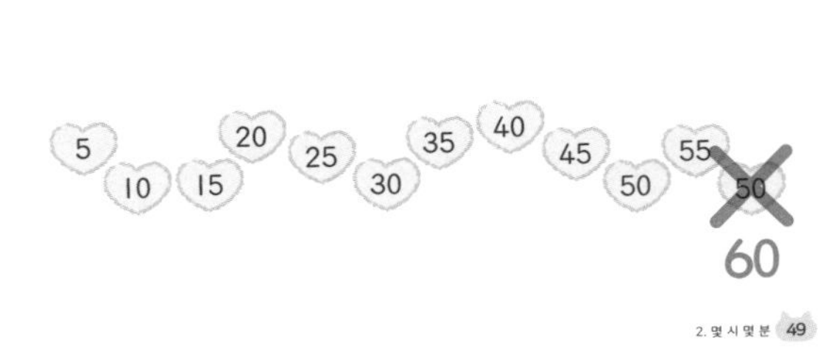

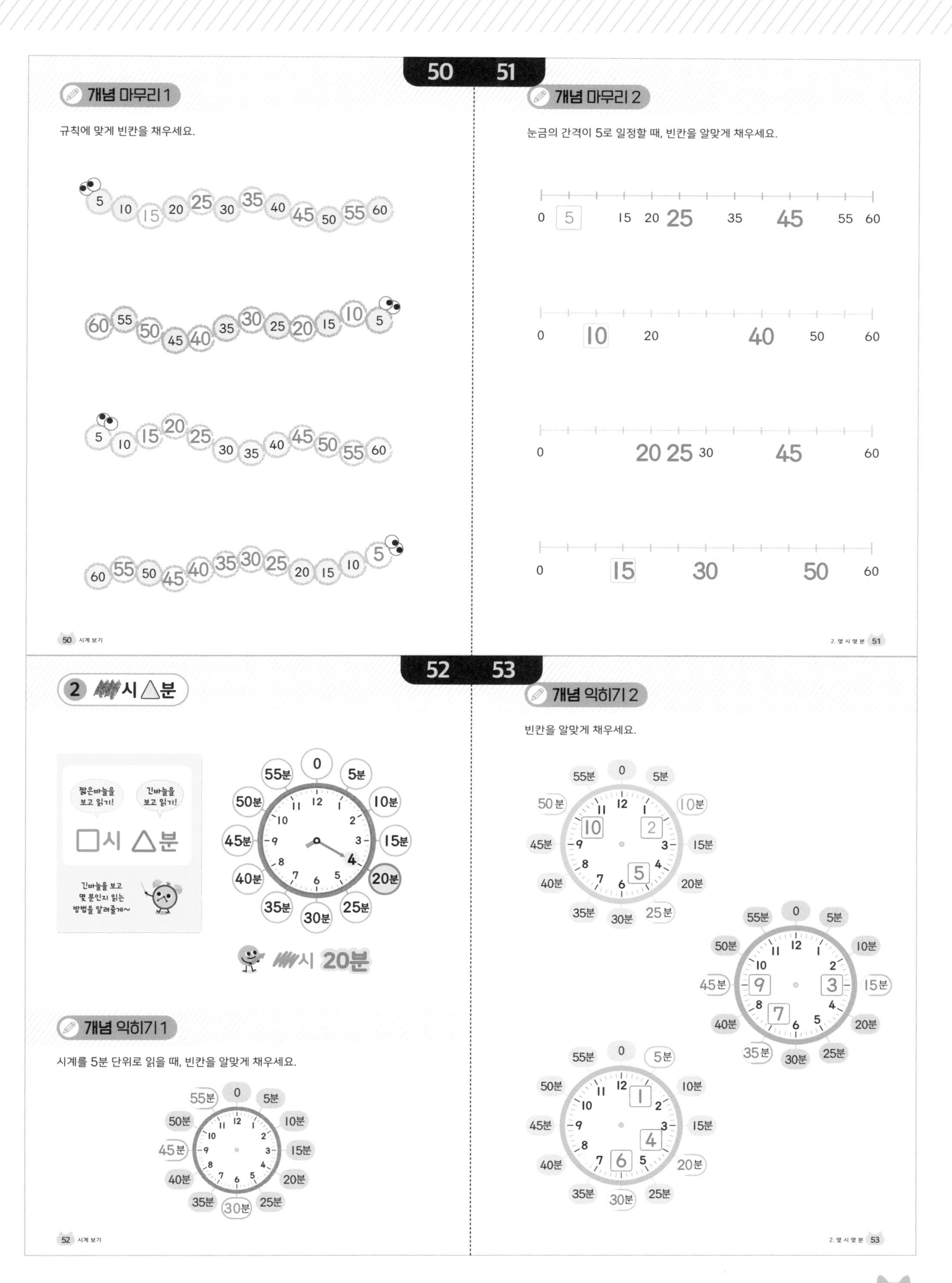
50 51
개념 마무리 1
규칙에 맞게 빈칸을 채우세요.
개념 마무리 2
눈금의 간격이 5로 일정할 때, 빈칸을 알맞게 채우세요.
52 53
2 시 △분
짧은바늘을 보고 읽기!
긴바늘을 보고 읽기!
□시 △분
긴바늘을 보고 몇 분인지 읽는 방법을 알려줄게~
시 20분
개념 익히기 1
시계를 5분 단위로 읽을 때, 빈칸을 알맞게 채우세요.
개념 익히기 2
빈칸을 알맞게 채우세요.

정답 및 해설

54 55

개념 다지기 1

◯ 안에 알맞은 수를 쓰세요.

50분, 35분

5분, 45분

5분, 15분, 30분

55분, 20분, 40분

55분, 45분, 40분, 35분

50분, 10분, 40분, 25분

개념 다지기 2

시계의 긴바늘이 가리키는 수를 보고 몇 분인지 읽어 보세요.

시 55 분

시 15 분

시 40 분

시 25 분

시 50 분

시 35 분

56 57

개념 마무리 1

시계를 바르게 읽거나, 자를 사용하여 시계에 긴바늘을 알맞게 그려 보세요.

6시 45 분

11시 25 분

4시 30분

9시 15분

3시 40분

8시 10 분

개념 마무리 2

빈칸을 알맞게 채우세요.

- 긴바늘이 2를 가리키면 10 분입니다.
- 긴바늘이 6 을 가리키면 30분입니다.
- 긴바늘이 1을 가리키면 5 분입니다.
- 긴바늘이 11 을 가리키면 55분입니다.
- 긴바늘이 10을 가리키면 50 분입니다.
- 긴바늘이 7 을 가리키면 35분입니다.

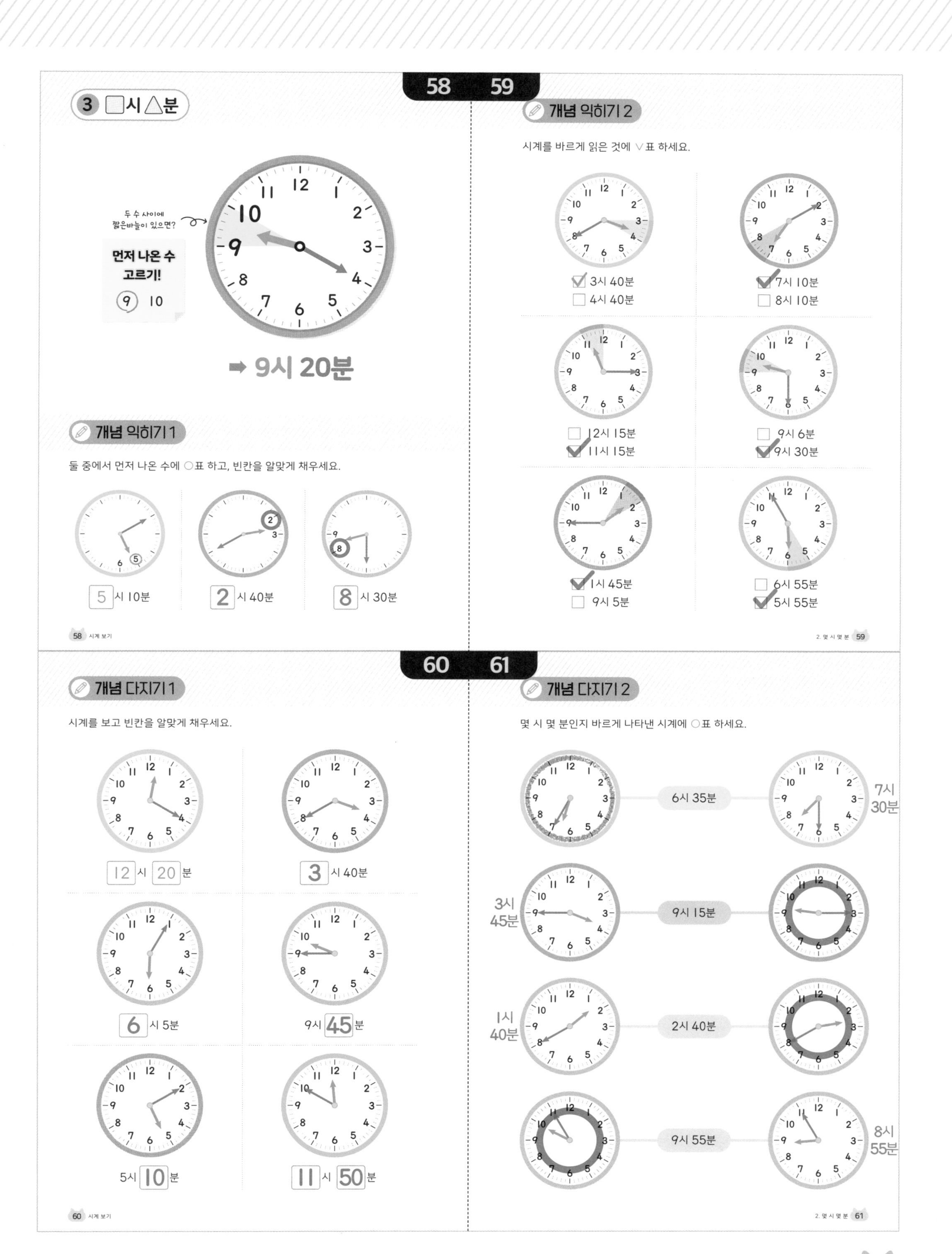
58
59
3 □시△분
두 수 사이에 짧은바늘이 있으면?
먼저 나온 수 고르기!
9 10
➡ 9시 20분
개념 익히기 1
둘 중에서 먼저 나온 수에 ○표 하고, 빈칸을 알맞게 채우세요.
5 시 10분
2 시 40분
8 시 30분
개념 익히기 2
시계를 바르게 읽은 것에 ∨표 하세요.
3시 40분
4시 40분
7시 10분
8시 10분
12시 15분
11시 15분
9시 6분
9시 30분
1시 45분
9시 5분
6시 55분
5시 55분
58 시계 보기
2. 몇 시 몇 분 59
60
61
개념 다지기 1
시계를 보고 빈칸을 알맞게 채우세요.
12 시 20 분
3 시 40분
6 시 5분
9시 45 분
5시 10 분
11 시 50 분
개념 다지기 2
몇 시 몇 분인지 바르게 나타낸 시계에 ○표 하세요.
6시 35분
7시 30분
3시 45분
9시 15분
1시 40분
2시 40분
9시 55분
8시 55분
60 시계 보기
2. 몇 시 몇 분 61

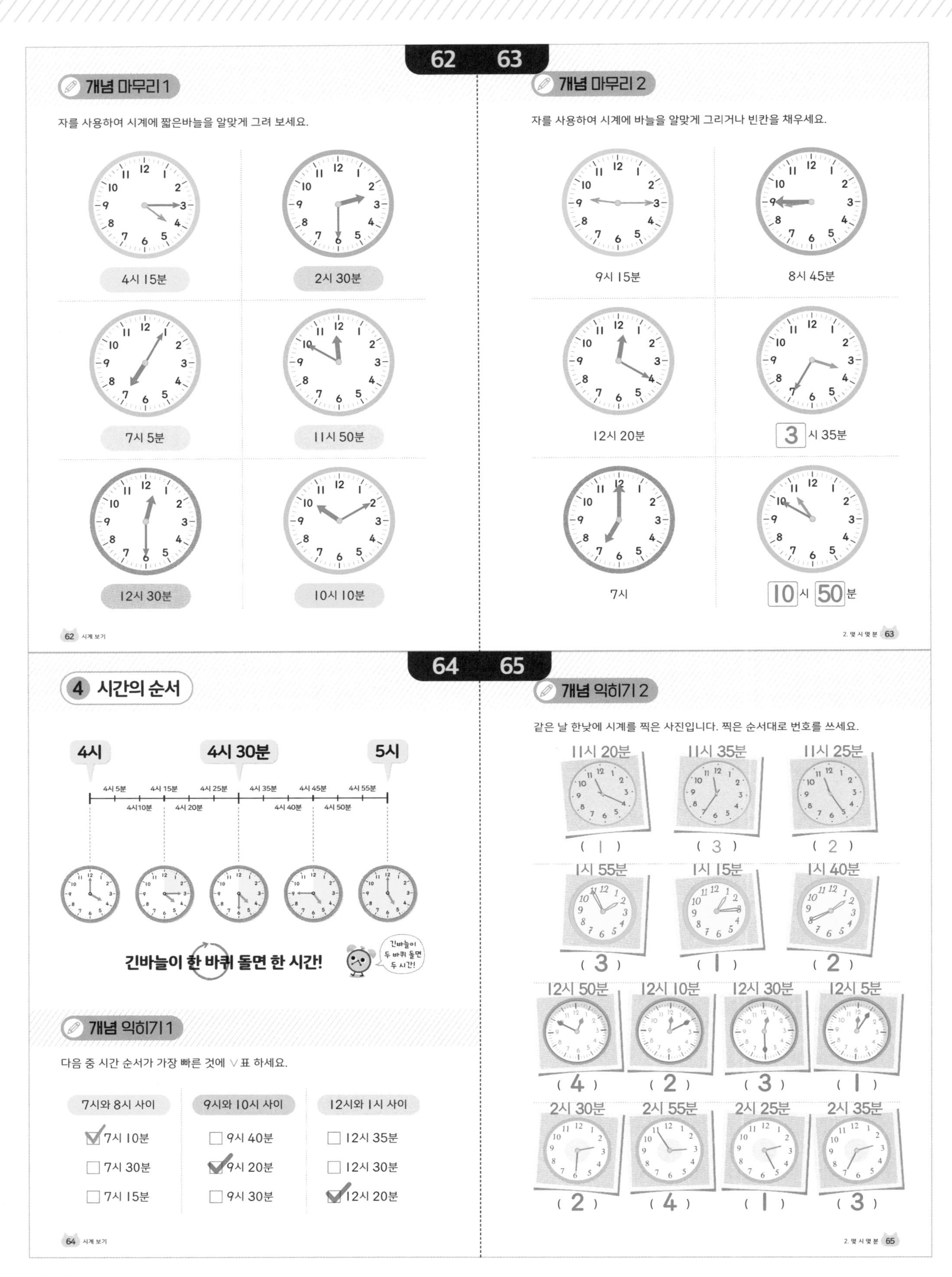

62 63

개념 마무리 1

자를 사용하여 시계에 짧은바늘을 알맞게 그려 보세요.

4시 15분
2시 30분
7시 5분
11시 50분
12시 30분
10시 10분

개념 마무리 2

자를 사용하여 시계에 바늘을 알맞게 그리거나 빈칸을 채우세요.

9시 15분
8시 45분
12시 20분
3 시 35분
7시
10 시 50 분

64 65

4 시간의 순서

4시 4시 30분 5시

4시 5분 4시 10분 4시 15분 4시 20분 4시 25분 4시 35분 4시 40분 4시 45분 4시 50분 4시 55분

긴바늘이 한 바퀴 돌면 한 시간!

긴바늘이 두 바퀴 돌면 두 시간!

개념 익히기 1

다음 중 시간 순서가 가장 빠른 것에 ∨표 하세요.

7시와 8시 사이	9시와 10시 사이	12시와 1시 사이
☑ 7시 10분	□ 9시 40분	□ 12시 35분
□ 7시 30분	☑ 9시 20분	□ 12시 30분
□ 7시 15분	□ 9시 30분	☑ 12시 20분

개념 익히기 2

같은 날 한낮에 시계를 찍은 사진입니다. 찍은 순서대로 번호를 쓰세요.

11시 20분	11시 35분	11시 25분
(1)	(3)	(2)

1시 55분	1시 15분	1시 40분
(3)	(1)	(2)

12시 50분	12시 10분	12시 30분	12시 5분
(4)	(2)	(3)	(1)

2시 30분	2시 55분	2시 25분	2시 35분
(2)	(4)	(1)	(3)

66 67

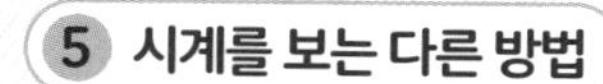

5 시계를 보는 다른 방법

7시 55분 = 8시 5분 전

8시에서 5분 앞이라는 뜻!

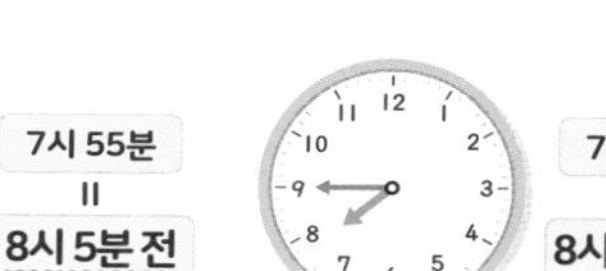

7시 45분 = 8시 15분 전

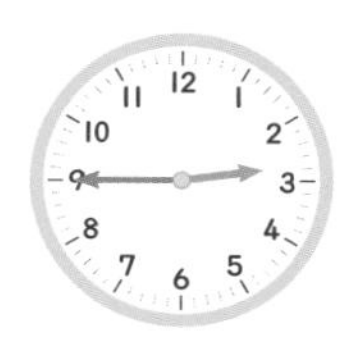

7시 50분 = 8시 10분 전

7시 30분 = 7시 반

긴바늘이 반 바퀴만큼 왔으니까!

개념 익히기 1

시계를 보고 빈칸을 알맞게 채우세요.

시계가 나타내는 때는 2 시 45 분입니다.

3시가 되려면 15 분이 더 지나야 합니다.

시계가 나타내는 때는 3 시 15 분 전입니다.

개념 익히기 2

빈칸을 알맞게 채우세요.

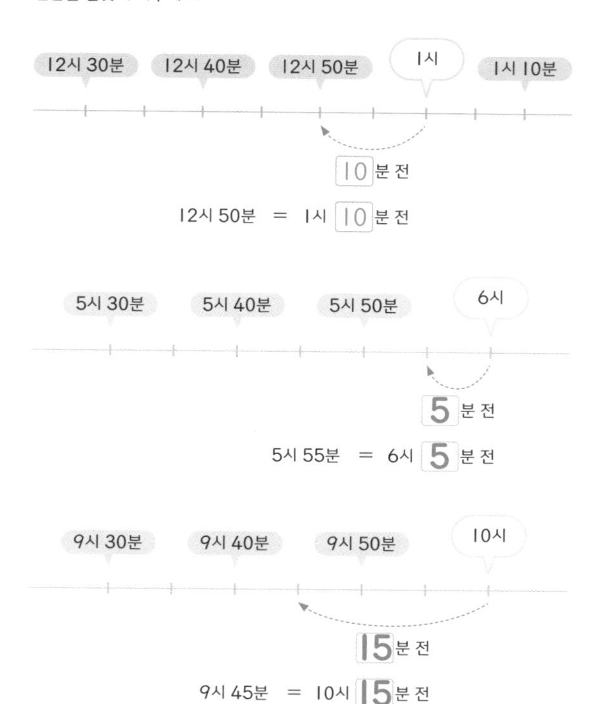

12시 50분 = 1시 10 분 전

5시 55분 = 6시 5 분 전

9시 30분 9시 40분 9시 50분 10시

15 분 전

9시 45분 = 10시 15 분 전

68 69

개념 다지기 1

시계를 두 가지 방법으로 읽어 보세요.

1 시 55 분 / 2 시 5 분 전

6 시 45 분 / 7 시 15 분 전

4 시 50 분 / 5 시 10 분 전

11 시 30 분 / 11 시 반

10 시 30 분 / 10 시 반

5 시 50 분 / 6 시 10 분 전

개념 다지기 2

옳은 설명에 ○표, 틀린 설명에 ×표 하세요.

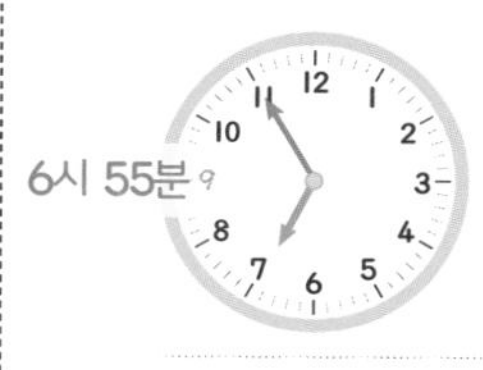

6시 55분

7시 5분 전입니다. ○

6시가 지났습니다. ○

6시 5분 전입니다. ×

↳ 7시 5분 전입니다.

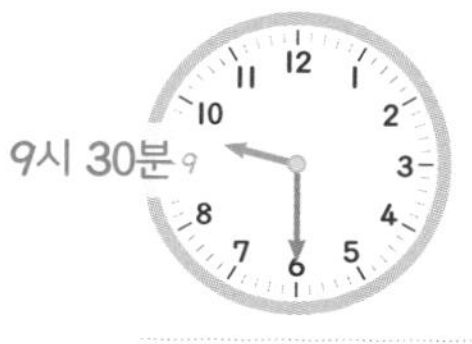

9시 30분

↱ 9시 30분입니다.

9시 30분 전입니다. ×

9시와 10시의 한가운데입니다. ○

9시 반입니다. ○

4시 10분

↱ 4시 10분입니다.

4시 10분 전입니다. ×

4시에서 10분이 지났습니다. ○

4시 10분입니다. ○

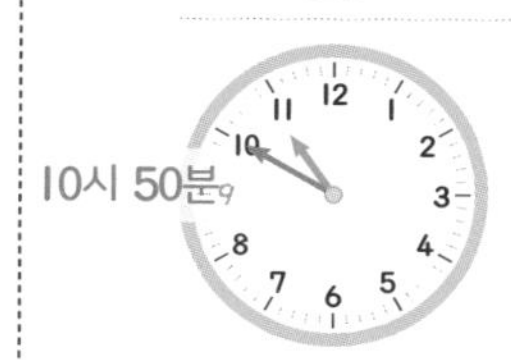

10시 50분

↱ 10분이 지나면 11시입니다.

5분이 지나면 11시입니다. ×

11시 10분 전입니다. ○

10시에서 50분이 지났습니다. ○

정답 및 해설

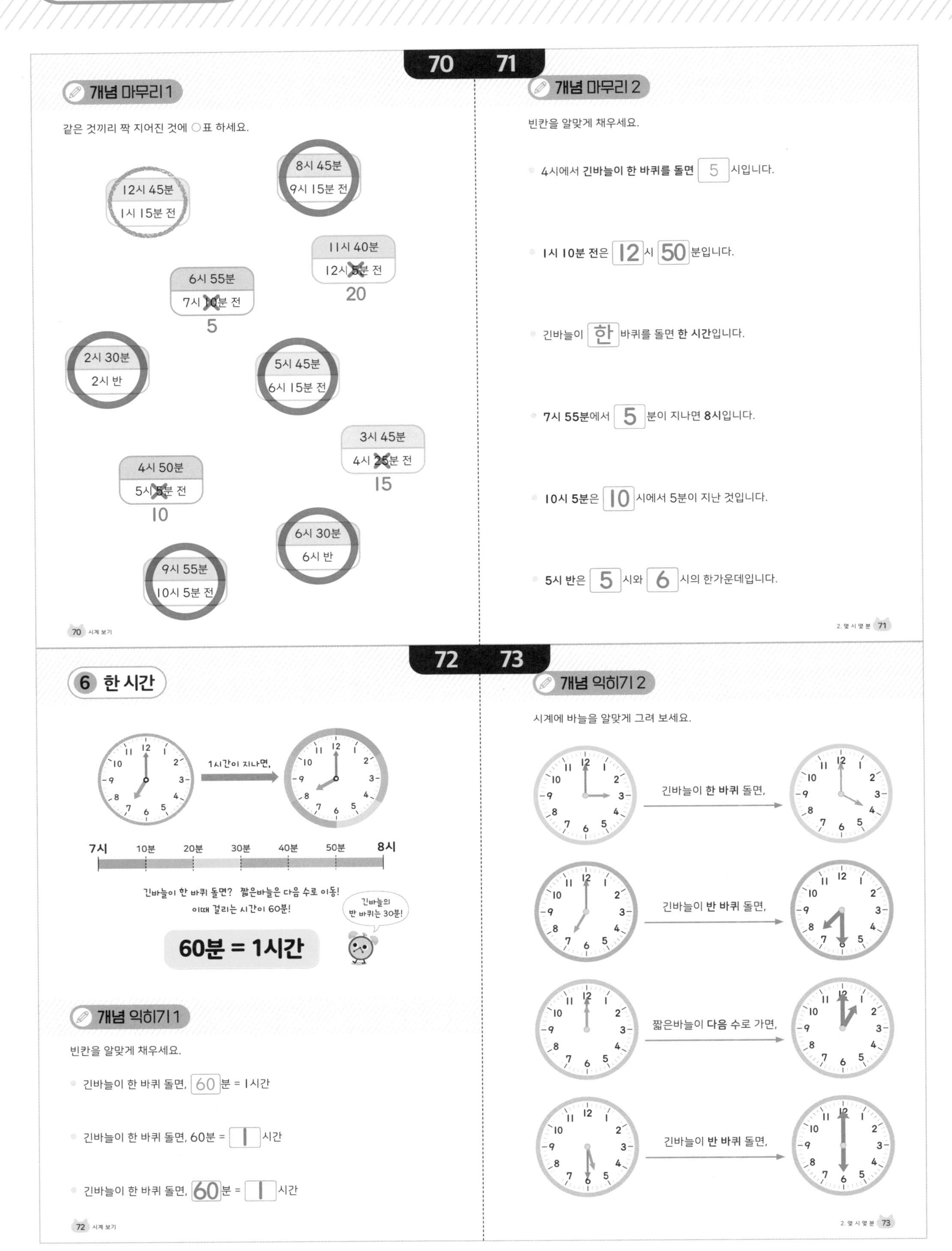

70 71
개념 마무리 1
같은 것끼리 짝 지어진 것에 ○표 하세요.
12시 45분
1시 15분 전
8시 45분
9시 15분 전
11시 40분
12시 5분 전
20
6시 55분
7시 10분 전
5
2시 30분
2시 반
5시 45분
6시 15분 전
3시 45분
4시 25분 전
15
4시 50분
5시 5분 전
10
6시 30분
6시 반
9시 55분
10시 5분 전
개념 마무리 2
빈칸을 알맞게 채우세요.
4시에서 긴바늘이 한 바퀴를 돌면 5 시입니다.
1시 10분 전은 12 시 50 분입니다.
긴바늘이 한 바퀴를 돌면 한 시간입니다.
7시 55분에서 5 분이 지나면 8시입니다.
10시 5분은 10 시에서 5분이 지난 것입니다.
5시 반은 5 시와 6 시의 한가운데입니다.
72 73
6 한 시간
1시간이 지나면,
7시 10분 20분 30분 40분 50분 8시
긴바늘이 한 바퀴 돌면? 짧은바늘은 다음 수로 이동!
이때 걸리는 시간이 60분!
긴바늘의 반 바퀴는 30분!
60분 = 1시간
개념 익히기 1
빈칸을 알맞게 채우세요.
긴바늘이 한 바퀴 돌면, 60 분 = 1시간
긴바늘이 한 바퀴 돌면, 60분 = 1 시간
긴바늘이 한 바퀴 돌면, 60 분 = 1 시간
개념 익히기 2
시계에 바늘을 알맞게 그려 보세요.
긴바늘이 한 바퀴 돌면,
긴바늘이 반 바퀴 돌면,
짧은바늘이 다음 수로 가면,
긴바늘이 반 바퀴 돌면,

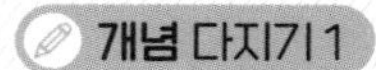

개념 다지기 1

두 시계를 보고 시간이 얼마나 지났는지 시간 띠에 나타내어 구하세요.

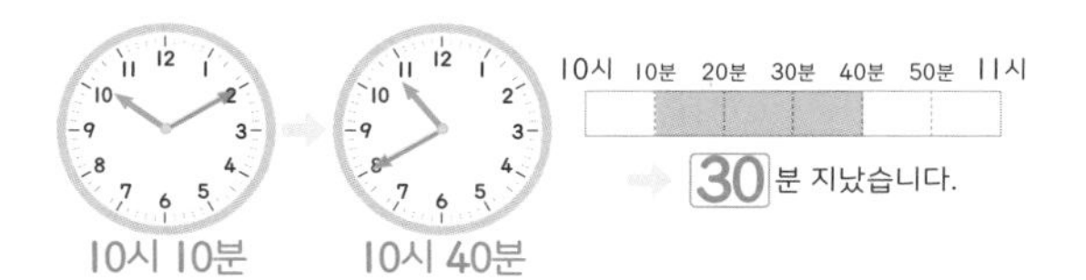

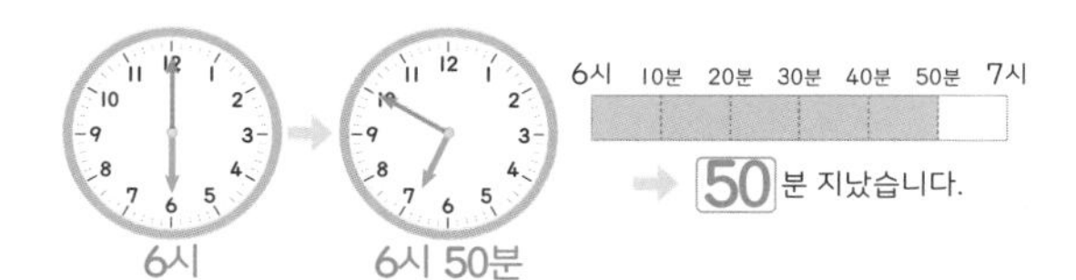

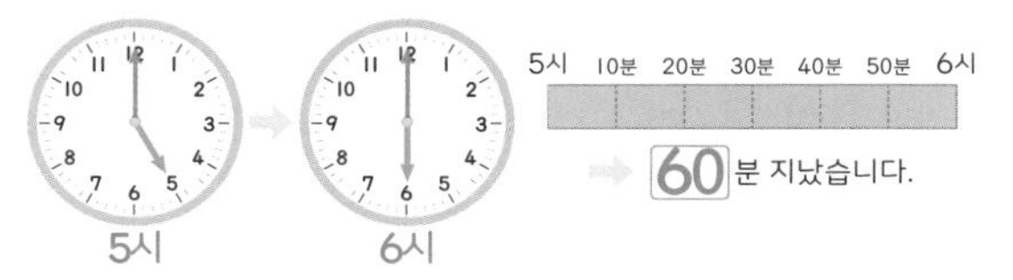

개념 다지기 2

두 시계를 보고 빈칸을 알맞게 채우세요.

개념 마무리 1

두 시계를 보고 시간이 얼마나 지났는지 시간 띠에 나타내어 구하세요.

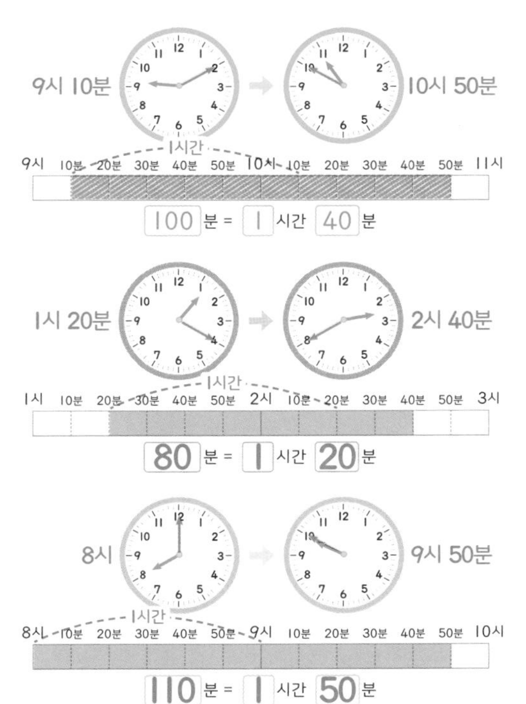

개념 마무리 2

시계를 보고 옳은 설명에 ○표, 틀린 설명에 ×표 하세요.

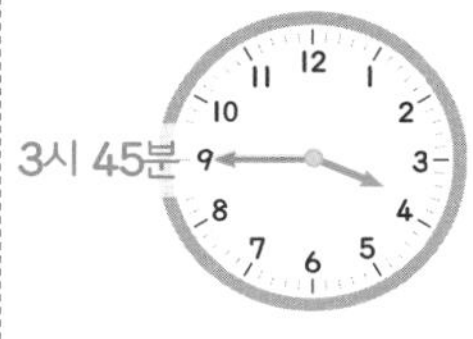

3시에서 45분이 지났습니다. ○
20분이 지나면 4시 ~~20~~ 5분입니다. ×
긴바늘이 한 바퀴 돌면 4시 45분입니다. ○

~~11~~ 12 시와 ~~12~~ 1 시의 한가운데입니다. ×
30분이 지나면 1시입니다. ○
12시 반입니다. ○

30분이 지나면 ~~6시 반~~ 6시 25분입니다. ×
5시 55분입니다. ○
6시 5분 전입니다. ○

짧은바늘이 다음 수로 이동하면 2시입니다. ○
6시간이 지나면 7시입니다. ○
90분이 지나면 ~~1시 30분~~ 2시 30분입니다. ×

정답 및 해설

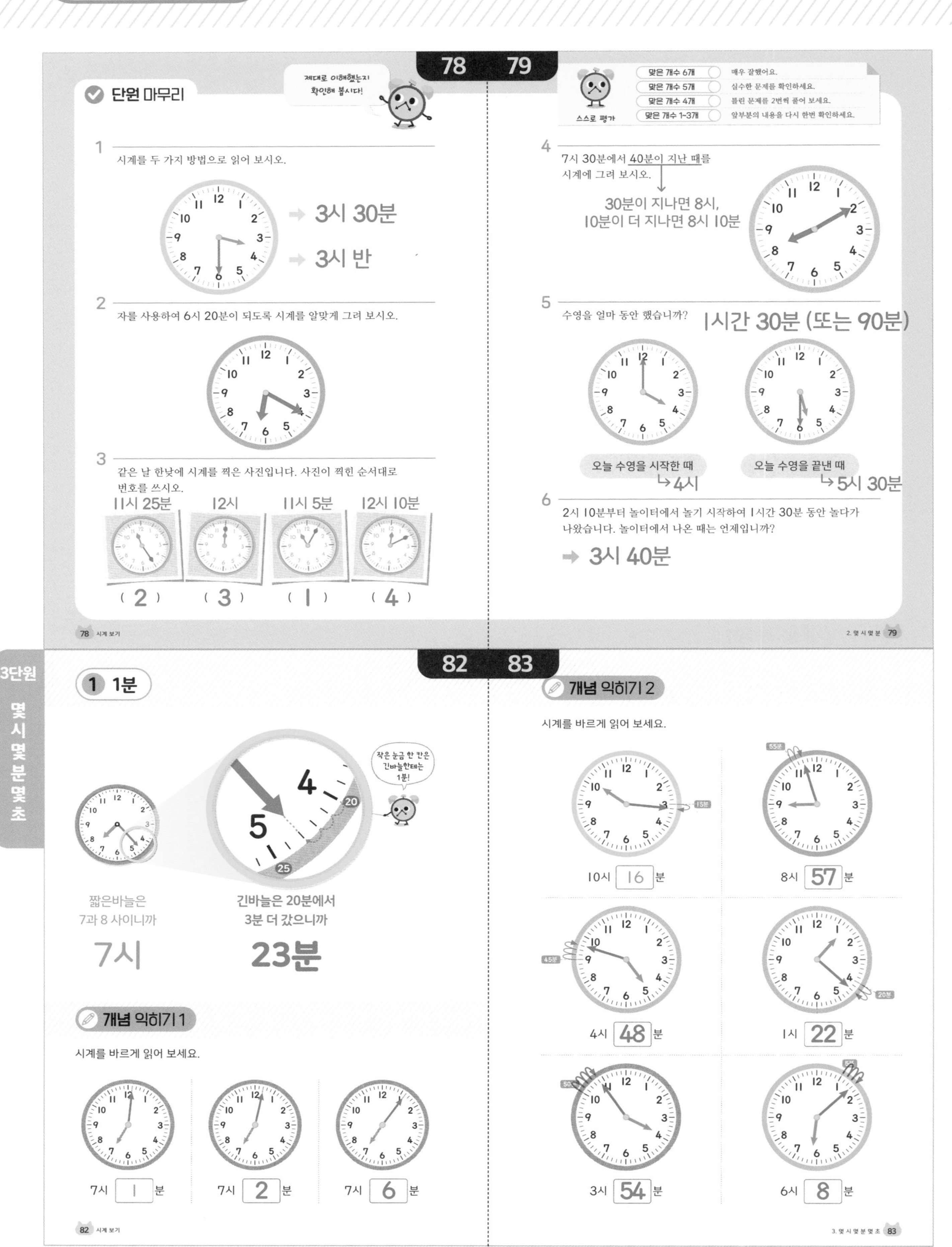

78 79
단원 마무리
제대로 이해했는지 확인해 봅시다!
1
시계를 두 가지 방법으로 읽어 보시오.
3시 30분
3시 반
2
자를 사용하여 6시 20분이 되도록 시계를 알맞게 그려 보시오.
3
같은 날 한낮에 시계를 찍은 사진입니다. 사진이 찍힌 순서대로 번호를 쓰시오.
11시 25분
12시
11시 5분
12시 10분
(2) (3) (1) (4)
78 시계 보기
스스로 평가
맞은 개수 6개 매우 잘했어요.
맞은 개수 5개 실수한 문제를 확인하세요.
맞은 개수 4개 틀린 문제를 2번씩 풀어 보세요.
맞은 개수 1~3개 앞부분의 내용을 다시 한번 확인하세요.
4
7시 30분에서 40분이 지난 때를 시계에 그려 보시오.
30분이 지나면 8시, 10분이 더 지나면 8시 10분
5
수영을 얼마 동안 했습니까?
1시간 30분 (또는 90분)
오늘 수영을 시작한 때
4시
오늘 수영을 끝낸 때
5시 30분
6
2시 10분부터 놀이터에서 놀기 시작하여 1시간 30분 동안 놀다가 나왔습니다. 놀이터에서 나온 때는 언제입니까?
3시 40분
2. 몇 시 몇 분 79
82 83
3단원 몇 시 몇 분 몇 초
1 1분
작은 눈금 한 칸은 긴바늘한테는 1분!
짧은바늘은 7과 8 사이니까
7시
긴바늘은 20분에서 3분 더 갔으니까
23분
개념 익히기 1
시계를 바르게 읽어 보세요.
7시 1 분
7시 2 분
7시 6 분
82 시계 보기
개념 익히기 2
시계를 바르게 읽어 보세요.
10시 16 분
8시 57 분
4시 48 분
1시 22 분
3시 54 분
6시 8 분
3. 몇 시 몇 분 몇 초 83

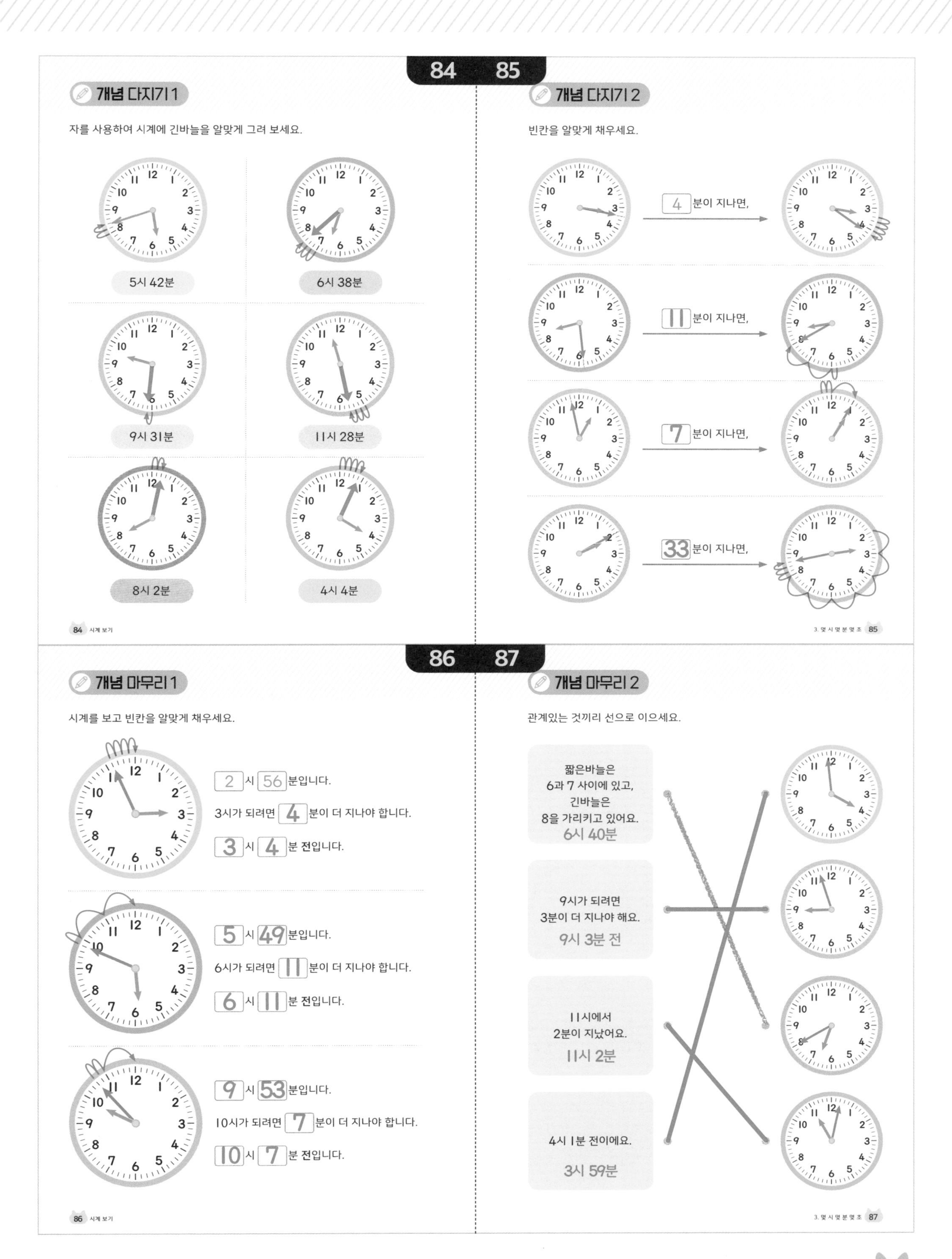

84 85

개념 다지기 1

자를 사용하여 시계에 긴바늘을 알맞게 그려 보세요.

5시 42분

6시 38분

9시 31분

11시 28분

8시 2분

4시 4분

84 시계 보기

개념 다지기 2

빈칸을 알맞게 채우세요.

4 분이 지나면,

11 분이 지나면,

7 분이 지나면,

33 분이 지나면,

3. 몇 시 몇 분 몇 초 85

86 87

개념 마무리 1

시계를 보고 빈칸을 알맞게 채우세요.

2 시 56 분입니다.
3시가 되려면 4 분이 더 지나야 합니다.
3 시 4 분 전입니다.

5 시 49 분입니다.
6시가 되려면 11 분이 더 지나야 합니다.
6 시 11 분 전입니다.

9 시 53 분입니다.
10시가 되려면 7 분이 더 지나야 합니다.
10 시 7 분 전입니다.

86 시계 보기

개념 마무리 2

관계있는 것끼리 선으로 이으세요.

짧은바늘은 6과 7 사이에 있고, 긴바늘은 8을 가리키고 있어요.
6시 40분

9시가 되려면 3분이 더 지나야 해요.
9시 3분 전

11시에서 2분이 지났어요.
11시 2분

4시 1분 전이에요.
3시 59분

3. 몇 시 몇 분 몇 초 87

정답 및 해설

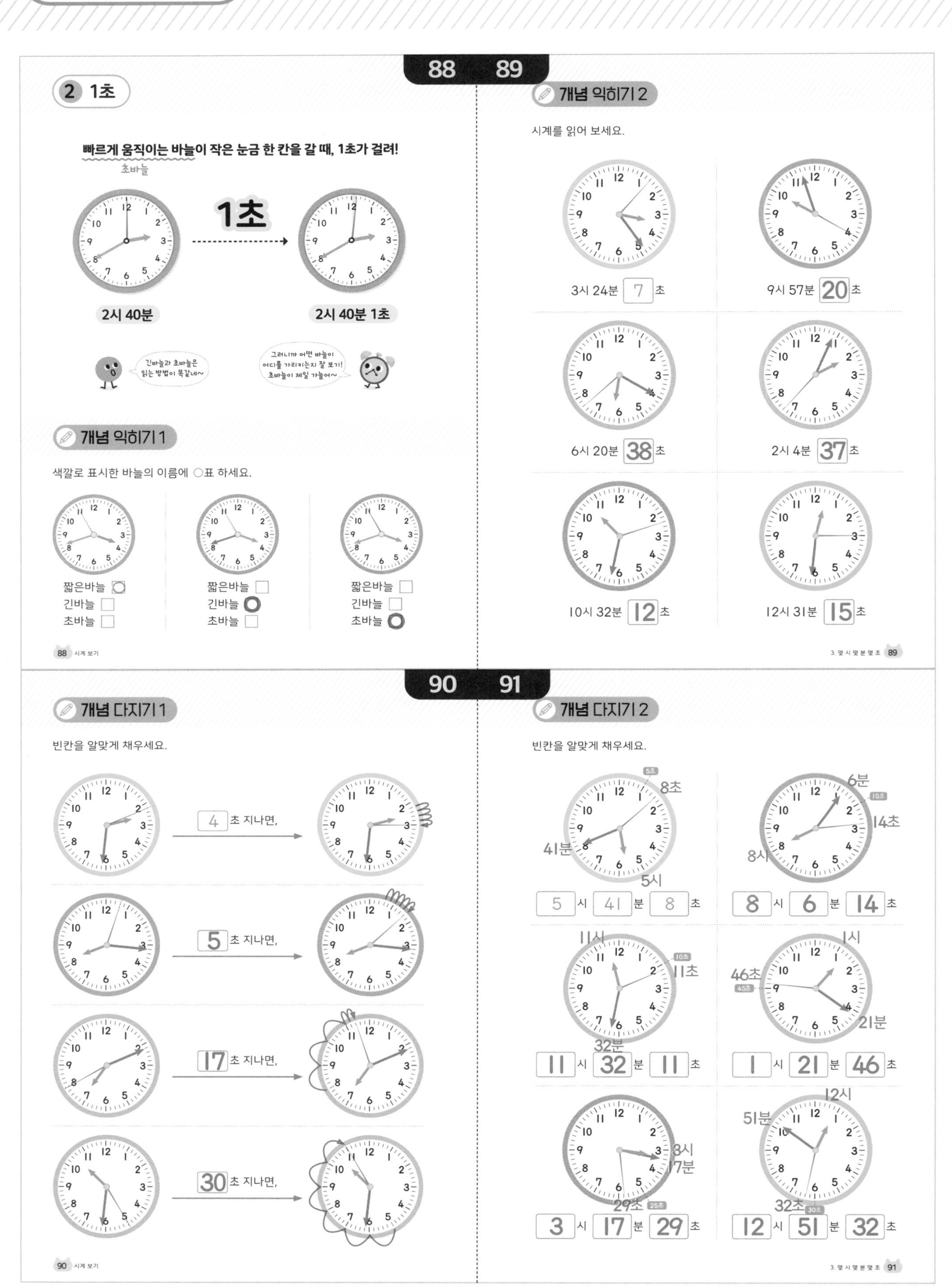

88 89

2 1초

빠르게 움직이는 바늘이 작은 눈금 한 칸을 갈 때, 1초가 걸려!

초바늘

1초

2시 40분 → 2시 40분 1초

긴바늘과 초바늘은 읽는 방법이 똑같네~

그러니까 어떤 바늘이 어디를 가리키는지 잘 보기! 초바늘이 제일 가늘어~

개념 익히기 1

색깔로 표시한 바늘의 이름에 ○표 하세요.

짧은바늘 (○)	짧은바늘	짧은바늘
긴바늘	긴바늘 (○)	긴바늘
초바늘	초바늘	초바늘 (○)

88 시계 보기

개념 익히기 2

시계를 읽어 보세요.

3시 24분 7 초

9시 57분 20 초

6시 20분 38 초

2시 4분 37 초

10시 32분 12 초

12시 31분 15 초

3. 몇 시 몇 분 몇 초 89

90 91

개념 다지기 1

빈칸을 알맞게 채우세요.

4 초 지나면,

5 초 지나면,

17 초 지나면,

30 초 지나면,

90 시계 보기

개념 다지기 2

빈칸을 알맞게 채우세요.

5 시 41 분 8 초

8 시 6 분 14 초

11 시 32 분 11 초

1 시 21 분 46 초

3 시 17 분 29 초

12 시 51 분 32 초

3. 몇 시 몇 분 몇 초 91

92 **93**

개념 마무리 1

자를 사용하여 시계에 바늘을 알맞게 그려 보세요.

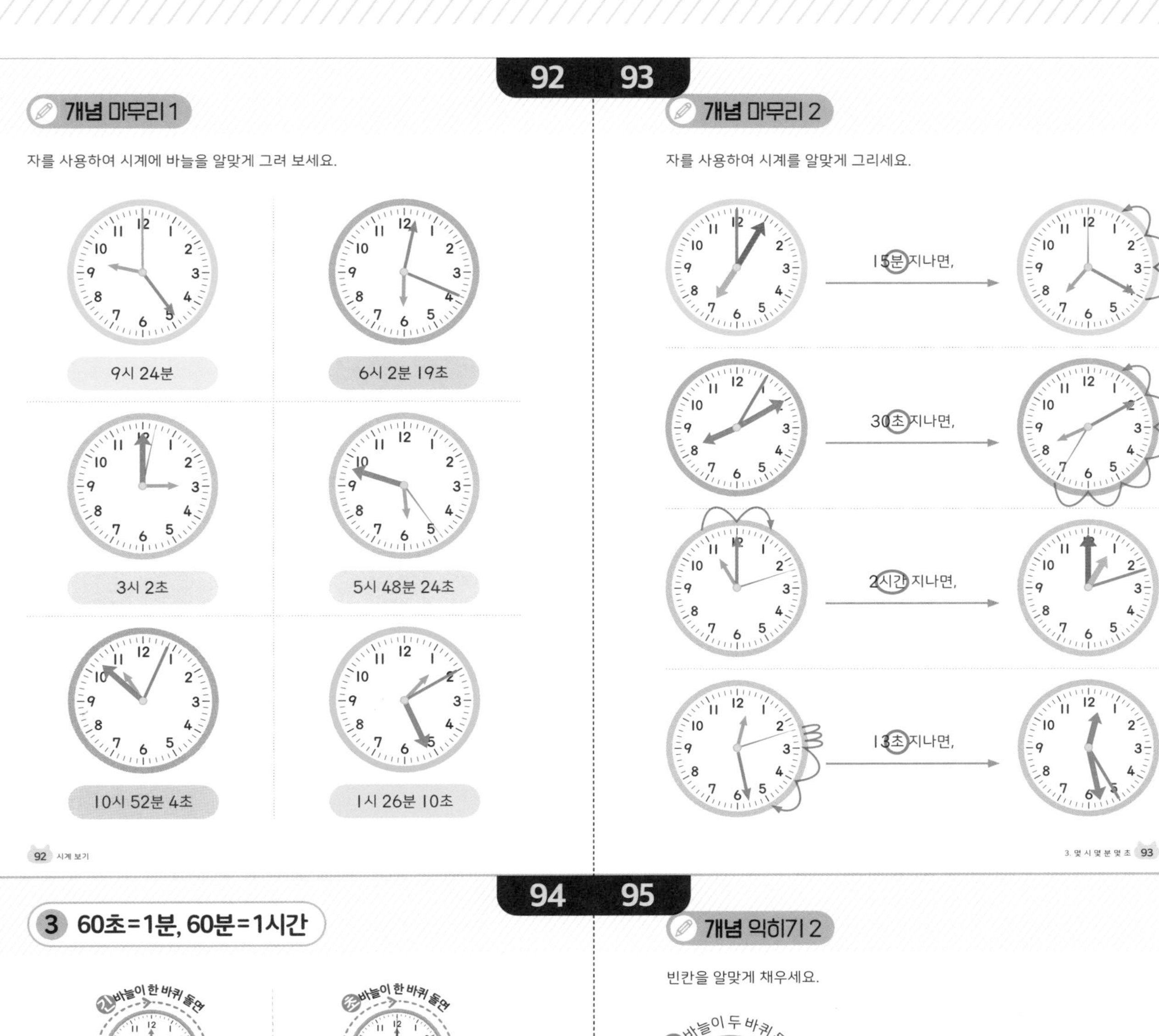

개념 마무리 2

자를 사용하여 시계를 알맞게 그리세요.

94 **95**

3 60초=1분, 60분=1시간

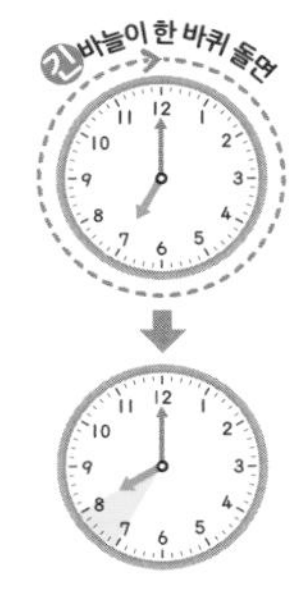

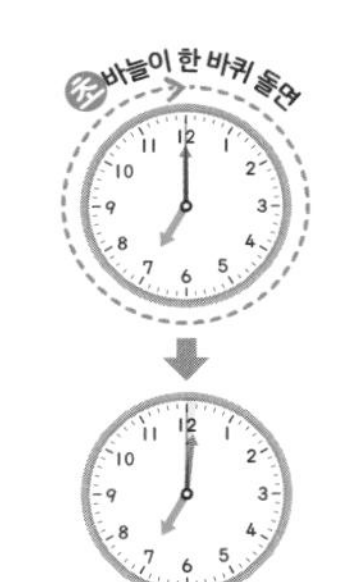

긴바늘이 한 바퀴 돌면,
60분 = 1시간

초바늘이 한 바퀴 돌면,
60초 = 1분

개념 익히기 1

빈칸을 알맞게 채우세요.

- 초바늘이 한 바퀴 돌면, 60 초 = 1분
- 초바늘이 한 바퀴 돌면, 60초 = 1 분
- 초바늘이 한 바퀴 돌면, 60 초 = 1 분

개념 익히기 2

빈칸을 알맞게 채우세요.

2분 = 120 초
60초+60초

3시간 = 180 분
60분+60분+60분

긴바늘이 1바퀴 반을 돌면 90 분
60분 30분

초바늘이 2바퀴 반을 돌면 150 초
60초+60초 30초

정답 및 해설

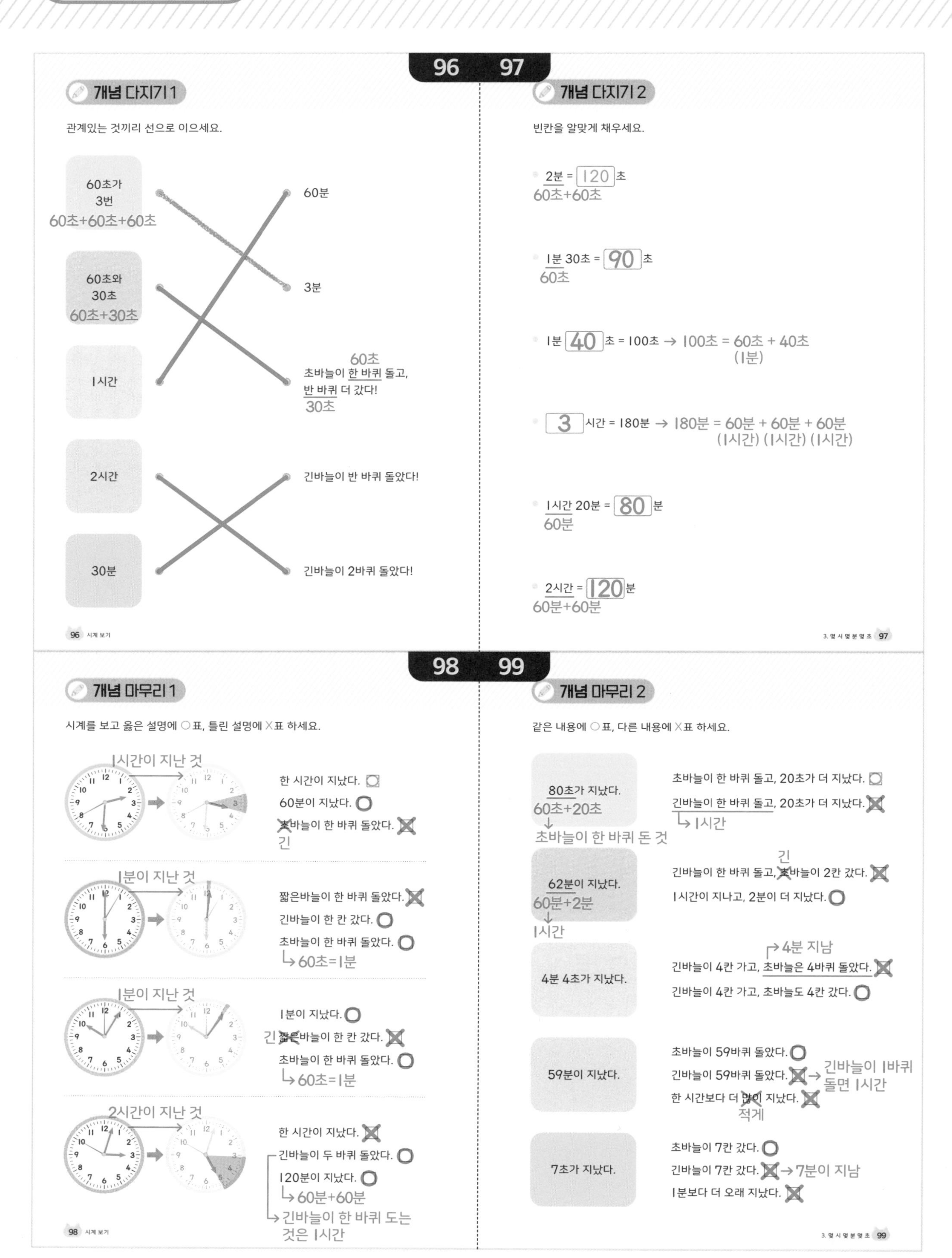

96 97
개념 다지기 1
관계있는 것끼리 선으로 이으세요.
60초가 3번
60초+60초+60초
60초와 30초
60초+30초
1시간
2시간
30분
60분
3분
60초
초바늘이 한 바퀴 돌고, 반 바퀴 더 갔다!
30초
긴바늘이 반 바퀴 돌았다!
긴바늘이 2바퀴 돌았다!
96 시계 보기
개념 다지기 2
빈칸을 알맞게 채우세요.
2분 = 120 초
60초+60초
1분 30초 = 90 초
60초
1분 40 초 = 100초 → 100초 = 60초 + 40초
(1분)
3 시간 = 180분 → 180분 = 60분 + 60분 + 60분
(1시간) (1시간) (1시간)
1시간 20분 = 80 분
60분
2시간 = 120 분
60분+60분
3. 몇 시 몇 분 몇 초 97
98 99
개념 마무리 1
시계를 보고 옳은 설명에 ○표, 틀린 설명에 ×표 하세요.
1시간이 지난 것
한 시간이 지났다. ○
60분이 지났다. ○
초바늘이 한 바퀴 돌았다. ×
긴
1분이 지난 것
짧은바늘이 한 바퀴 돌았다. ×
긴바늘이 한 칸 갔다. ○
초바늘이 한 바퀴 돌았다. ○
60초=1분
1분이 지난 것
1분이 지났다. ○
긴 짧은바늘이 한 칸 갔다. ×
초바늘이 한 바퀴 돌았다. ○
60초=1분
2시간이 지난 것
한 시간이 지났다. ×
긴바늘이 두 바퀴 돌았다. ○
120분이 지났다. ○
60분+60분
긴바늘이 한 바퀴 도는 것은 1시간
98 시계 보기
개념 마무리 2
같은 내용에 ○표, 다른 내용에 ×표 하세요.
80초가 지났다.
60초+20초
초바늘이 한 바퀴 돈 것
초바늘이 한 바퀴 돌고, 20초가 더 지났다. ○
긴바늘이 한 바퀴 돌고, 20초가 더 지났다. ×
1시간
62분이 지났다.
60분+2분
1시간
긴
긴바늘이 한 바퀴 돌고, 초바늘이 2칸 갔다. ×
1시간이 지나고, 2분이 더 지났다. ○
4분 4초가 지났다.
4분 지남
긴바늘이 4칸 가고, 초바늘은 4바퀴 돌았다. ×
긴바늘이 4칸 가고, 초바늘도 4칸 갔다. ○
59분이 지났다.
초바늘이 59바퀴 돌았다. ○
긴바늘이 59바퀴 돌았다. × → 긴바늘이 1바퀴 돌면 1시간
한 시간보다 더 많이 지났다. ×
적게
7초가 지났다.
초바늘이 7칸 갔다. ○
긴바늘이 7칸 갔다. × → 7분이 지남
1분보다 더 오래 지났다. ×
3. 몇 시 몇 분 몇 초 99

100 101

4 시간과 시각

시간

언제부터 언제까지의 **기간**을 의미!

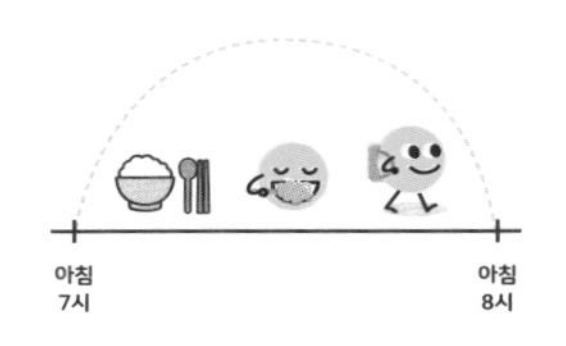

시각

시계가 나타내는 **딱!** 그 순간을 의미

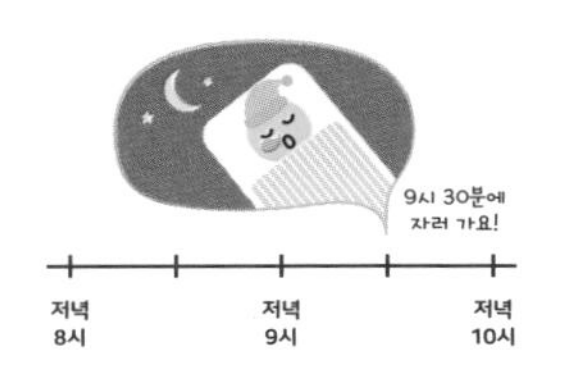

개념 익히기 1

시계가 나타내는 시각을 읽어 보세요.

→ 11시 32분 14초

→ 3시 11분 22초

→ 7시 39분 58초

개념 익히기 2

괄호 안에서 알맞은 말에 ○표 하세요.

- 집에서 학교까지 가는 데 걸리는 (시간, 시각)은 15분이다. (시간)
- 점심 시간이 끝나는 (시간, 시각)은 1시이다. (시각)
- 수영을 2(시간, 시각) 동안 했다. (시간)
- 내가 좋아하는 만화가 시작하는 (시간, 시각)은 6시 30분이다. (시각)
- 벽에 걸린 시계가 나타내는 (시간, 시각)은 8시 11분이다. (시각)
- 시계에서 긴바늘이 한 바퀴 도는 데 걸리는 (시간, 시각)은 60분이다. (시간)

102 103

개념 다지기 1

빈칸에 초, 분, 시간을 알맞게 쓰세요.

- 눈을 감았다가 뜨는 데 걸리는 시간 → 1 초
- 양치질을 하는 데 걸리는 시간 → 3 분
- 밥을 먹는 데 걸리는 시간 → 30 분
- 휴대폰의 잠금을 푸는 데 걸리는 시간 → 1 초
- 학교에 가는 데 걸리는 시간 → 10 분
- 놀이터에서 노는 시간 → 1 시간

개념 다지기 2

관계있는 것끼리 선으로 연결하세요.

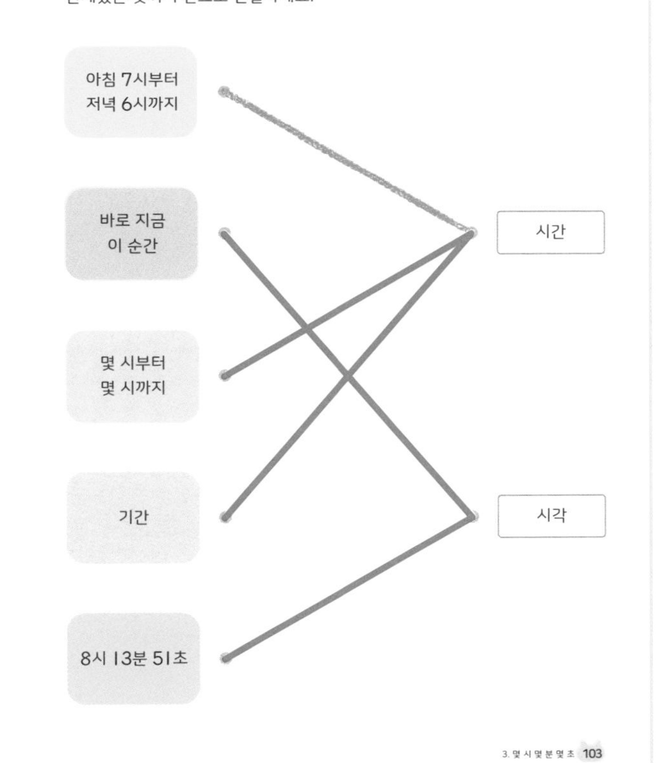

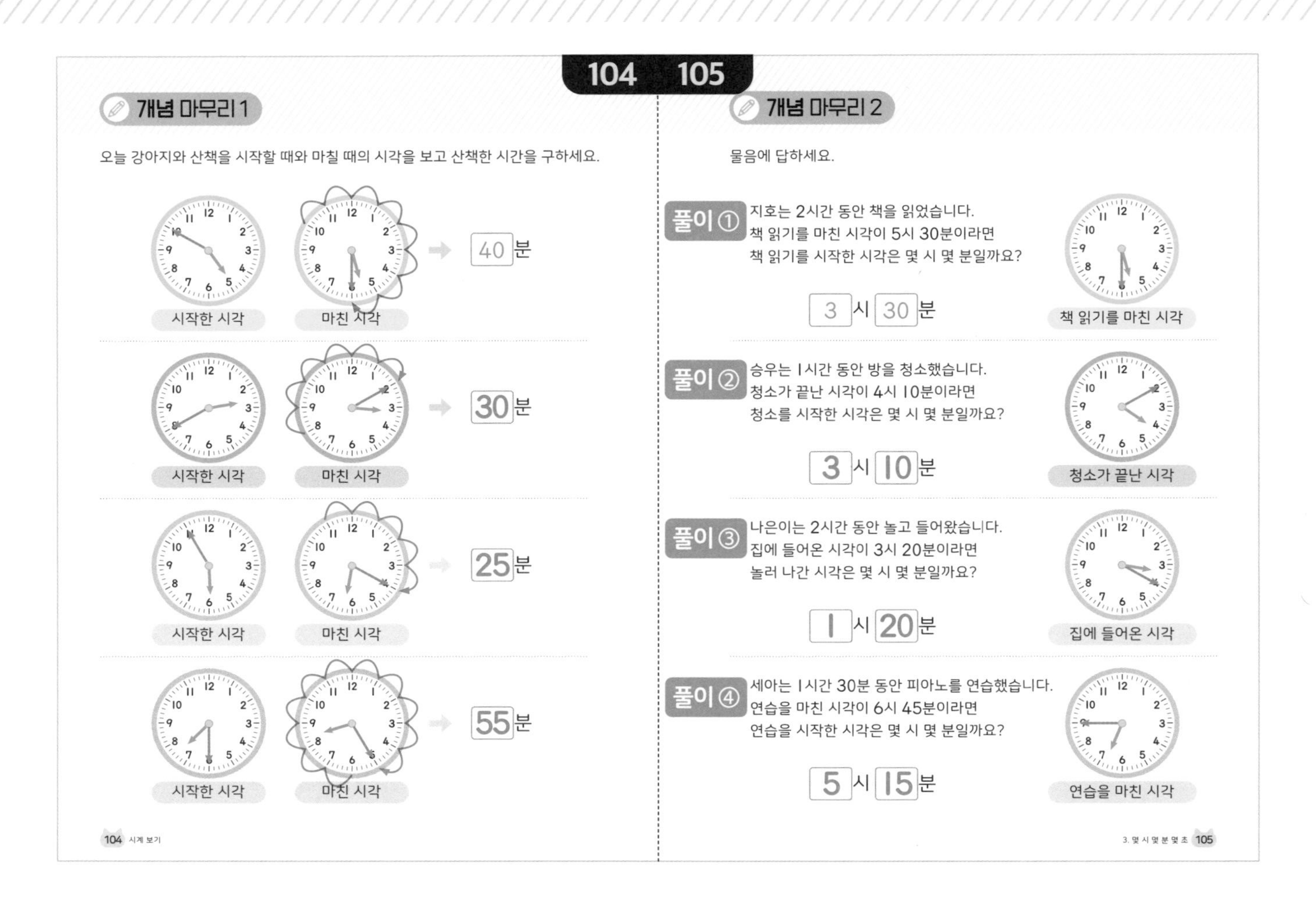

104 105
개념 마무리 1
오늘 강아지와 산책을 시작할 때와 마칠 때의 시각을 보고 산책한 시간을 구하세요.
40분
30분
25분
55분
시작한 시각
마친 시각
개념 마무리 2
물음에 답하세요.
풀이 ① 지호는 2시간 동안 책을 읽었습니다.
책 읽기를 마친 시각이 5시 30분이라면
책 읽기를 시작한 시각은 몇 시 몇 분일까요?
3 시 30 분
책 읽기를 마친 시각
풀이 ② 승우는 1시간 동안 방을 청소했습니다.
청소가 끝난 시각이 4시 10분이라면
청소를 시작한 시각은 몇 시 몇 분일까요?
3 시 10 분
청소가 끝난 시각
풀이 ③ 나은이는 2시간 동안 놀고 들어왔습니다.
집에 들어온 시각이 3시 20분이라면
놀러 나간 시각은 몇 시 몇 분일까요?
1 시 20 분
집에 들어온 시각
풀이 ④ 세아는 1시간 30분 동안 피아노를 연습했습니다.
연습을 마친 시각이 6시 45분이라면
연습을 시작한 시각은 몇 시 몇 분일까요?
5 시 15 분
연습을 마친 시각

105쪽 풀이

풀이 ① 2시간 동안의 책 읽기를 마친 시각: 5시 30분

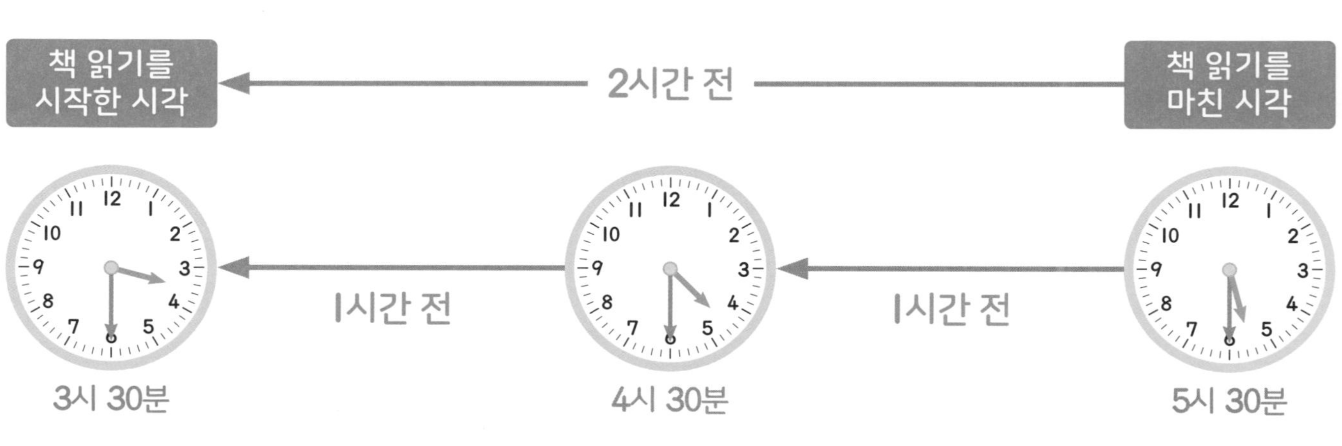

답 3시 30분

풀이② I시간 동안의 청소를 마친 시각: 4시 10분

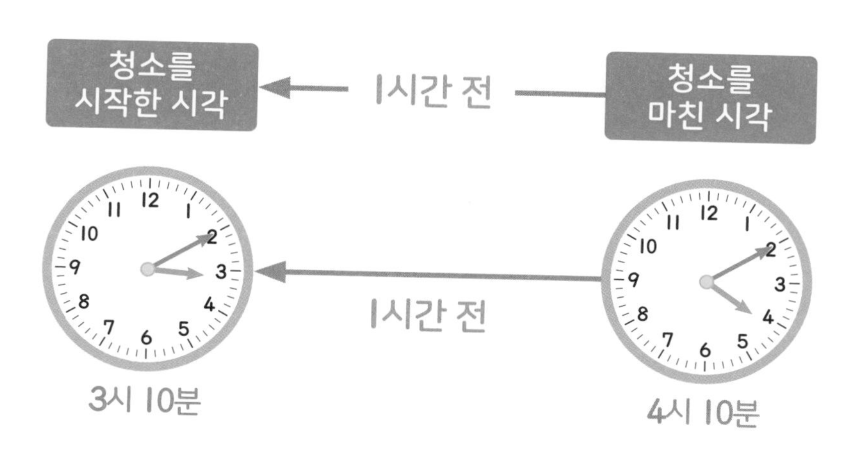

답 3시 10분

풀이③ 2시간 동안 놀고 들어온 시각: 3시 20분

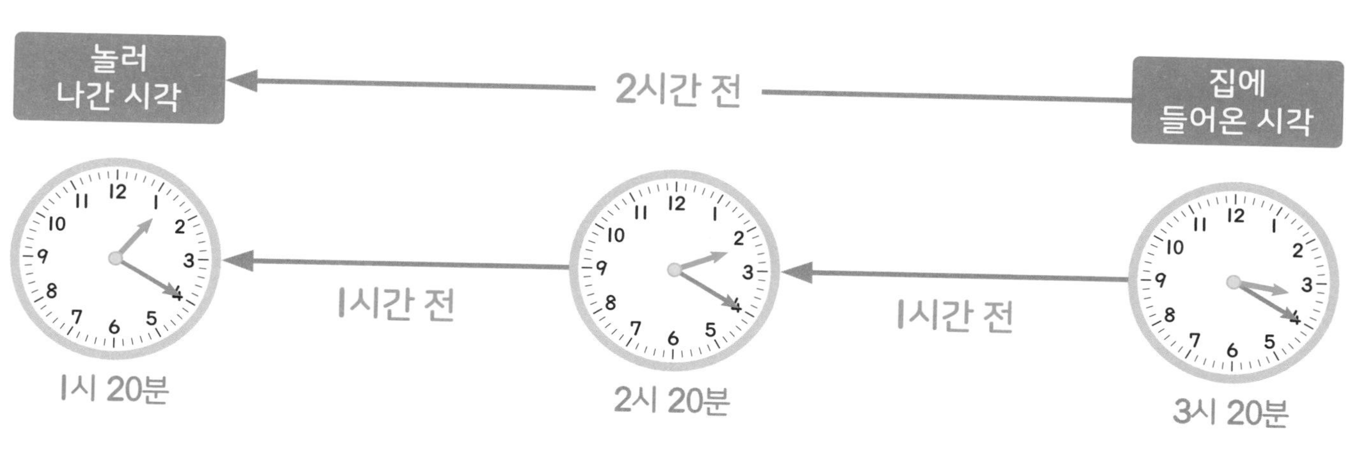

답 I시 20분

풀이④ I시간 30분 동안의 피아노 연습을 마친 시각: 6시 45분

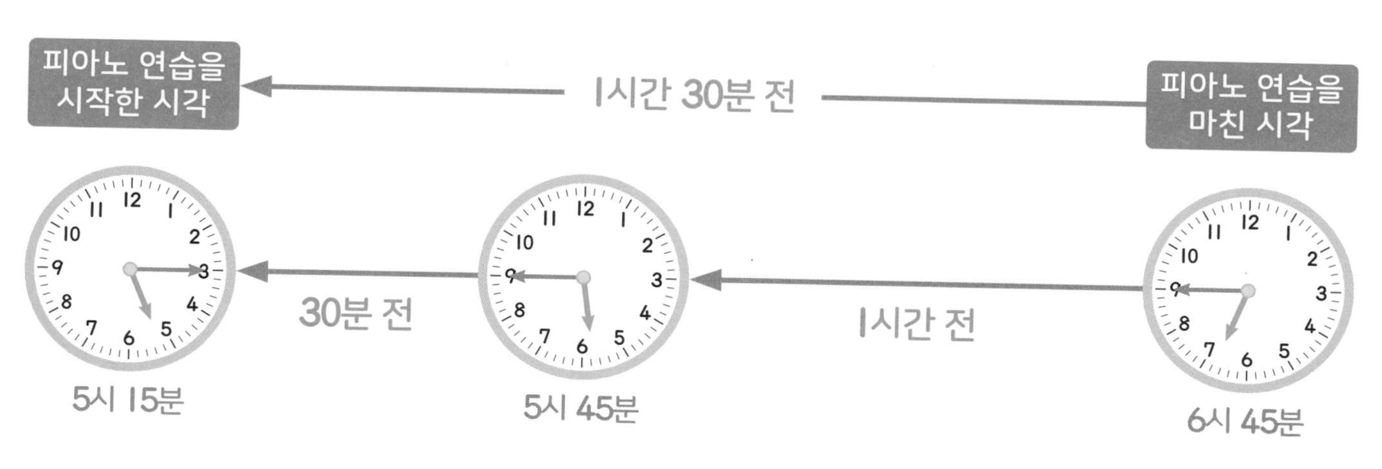

답 5시 15분

정답 및 해설

106 107

5 하루는 24시간

- 나의 하루 일과표입니다.

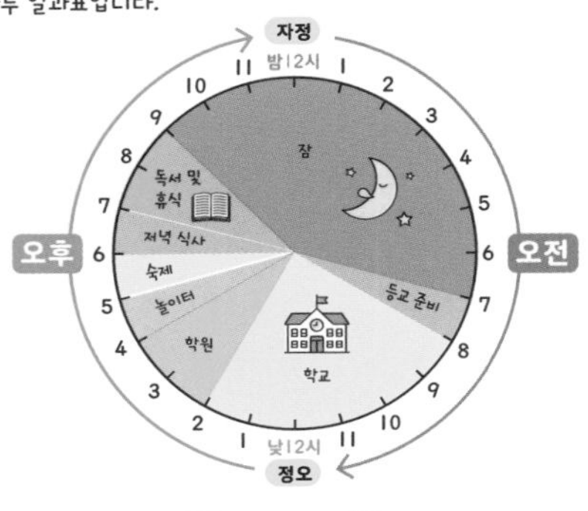

➡ 1일 = 12시간(오전) + 12시간(오후) = 24시간

개념 익히기 1

괄호 안에서 알맞은 말에 ○표 하세요.

- 늦잠을 자지 않고 아침 일찍 일어나면 (오전, 오후)입니다. → 오전
- 학교는 주로 (오전, 오후)에 갑니다. → 오전
- 저녁밥을 먹을 때는 (오전, 오후)입니다. → 오후

개념 익히기 2

하루 24시간을 나타내는 그림에 알맞은 표시를 하거나 선을 그어 나타내세요.

- 잠을 자러 가는 오후 10시에 ♡표를 하세요.
- 오후 10시부터 오전 7시까지 잠을 잡니다.
- 오전 8시부터 오후 1시까지는 학교에 있습니다.
- 집에 돌아오는 오후 4시에 ○표 하세요.
- 오전이 시작되는 시각에 ∨표 하세요.

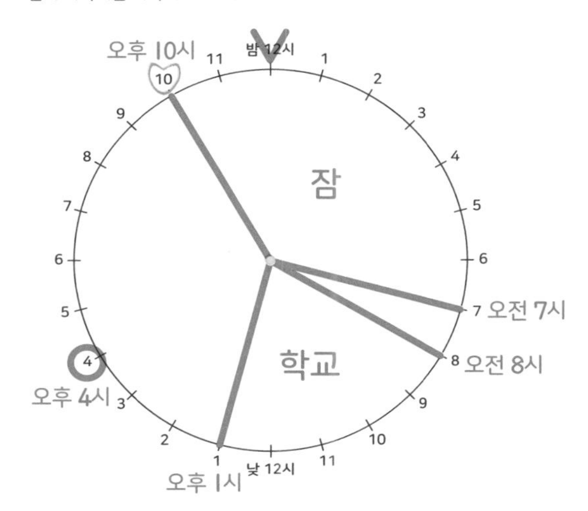

108 109

개념 다지기 1

관계있는 것끼리 선으로 연결하세요.

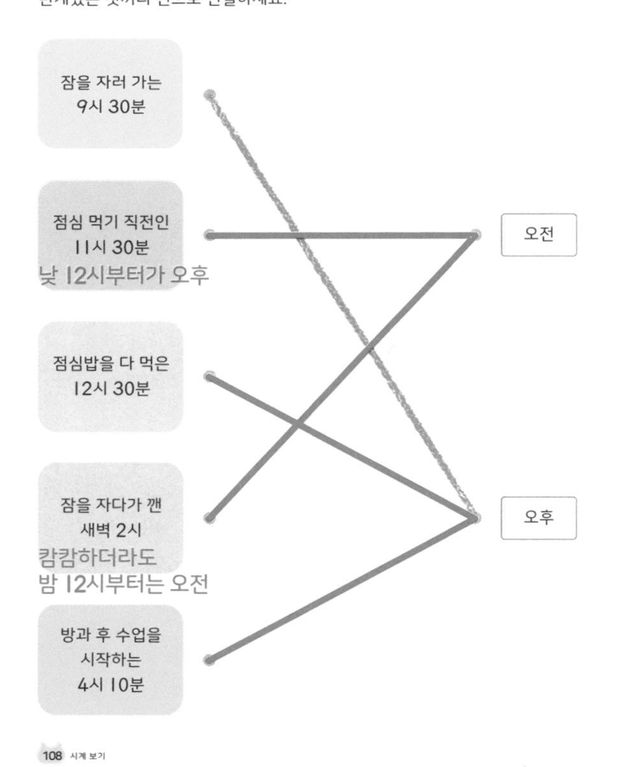

개념 다지기 2

빈칸을 알맞게 채우세요.

- 1일 = [24]시간
- [1]일 6시간 = 30시간 → 24시간(1일) + 6시간
- 3일 = [72]시간 → 24시간+24시간+24시간
- [2]일 = 48시간 → 24시간(1일) + 24시간(1일)
- 1일 [16]시간 = 40시간 → 24시간(1일) + 16시간
- 2일 2시간 = [50]시간 → 24시간+24시간

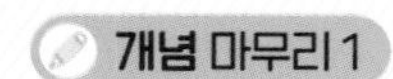

개념 마무리 1

두 시계를 보고 시간이 얼마나 지났는지 시간 띠에 나타내어 구하세요.

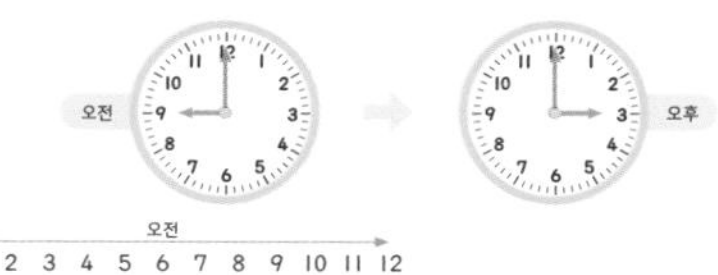

➡ 6 시간 지났습니다.

➡ 11 시간 지났습니다.

➡ 18 시간 지났습니다.

개념 마무리 2

옳은 설명에 ○표, 틀린 설명에 ×표 하세요.

해가 뜨는 아침은 오전입니다. (○)

캄캄하면 항상 오후입니다. (×)
해가 뜨기 전인 새벽은 캄캄해도 오전입니다.

하루 중 오후는 12시간입니다. (○)
하루 24시간 중 오전 12시간, 오후 12시간입니다.

오전은 낮(→밤) 12시부터 다음날 낮 12시까지입니다. (×)

밤 12시 30분은 오전입니다. (○)
밤 12시부터 오전입니다.

낮 12시를 정오라고 합니다. (○)
참고로 밤 12시는 자정이라고 합니다.

단원 마무리

제대로 이해했는지 확인해 봅시다!

1 오른쪽 시계가 나타내는 시각을 읽어 보시오.

9시 4분 36초

2 빈칸을 알맞게 채우시오.

2분 40초 = 160 초 (2분 → 120초)

100분 = 1 시간 40 분 (100분 → 60분+40분 (1시간))

2일 = 48 시간 (2일 → 24시간+24시간)

3 빈칸에 시간 또는 시각을 알맞게 쓰시오.

㉠ 현재의 시각은 오후 4시 10분 17초이다.

㉡ 점심 시간은 45분이다.

㉢ 학교 수업이 끝나는 시각은 오후 1시 25분이다.

스스로 평가	
맞은 개수 6개	매우 잘했어요.
맞은 개수 5개	실수한 문제를 확인하세요.
맞은 개수 4개	틀린 문제를 2번씩 풀어 보세요.
맞은 개수 1~3개	앞부분의 내용을 다시 한번 확인하세요.

4 자를 사용하여 다음 시각을 시계에 알맞게 그려 보시오.

7시 59분 52초

5 빈칸을 알맞게 채우시오.

1일 = 오전 12 시간 + 오후 12 시간 = 24 시간

6 지수의 일기에서 잘못 쓴 부분을 모두 찾아 바르게 고치시오.

3월 4일 날씨: 흐림
제목: 할머니 댁

아침 일찍 일어나서 부랴부랴 할머니 댁으로 갔다.
오후(→오전) 8시에 출발해서 점심 때에 도착했다. 점심을 먹고 나니
오전(→오후) 1시 30분이었다. 그리고, 할머니 댁 뒷산에 가서…

정답 및 해설

116 117

1 디지털 숫자

1 = 1
2 = 2
3 = 3
4 = 4
5 = 5
6 = 6
7 = 7
8 = 8
9 = 9
0 = 0

개념 익히기 1

숫자를 색칠해서 디지털 숫자를 완성하세요.

개념 익히기 2

디지털 숫자가 나타내는 수에 ○표 하세요.

118 119

개념 다지기 1

관계있는 것끼리 선으로 이으세요.

개념 다지기 2

색칠하여 디지털 숫자로 나타내세요.

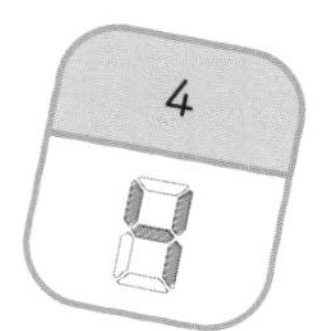

120 121

디지털 숫자가 나타내는 수를 쓰세요.

5 → 5 8 → 8

6 → 6 1 → 1

2 → 2 7 → 7

3 → 3 0 → 0

4 → 4 9 → 9

개념 마무리 2

빈칸을 알맞게 색칠하여 좋아하는 수를 디지털 숫자로 만들어 보세요.

예 35

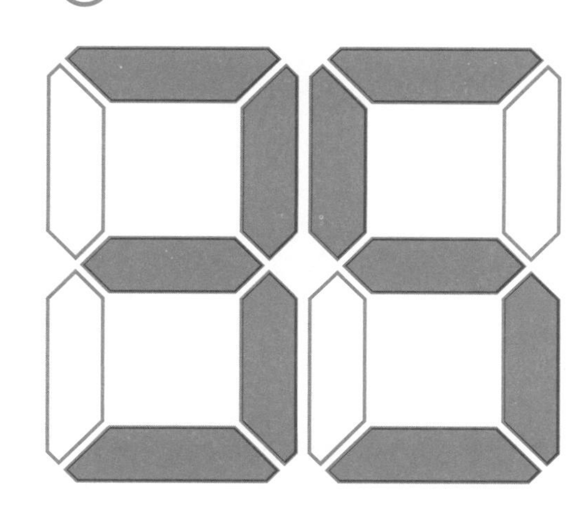

122 123

2 디지털시계

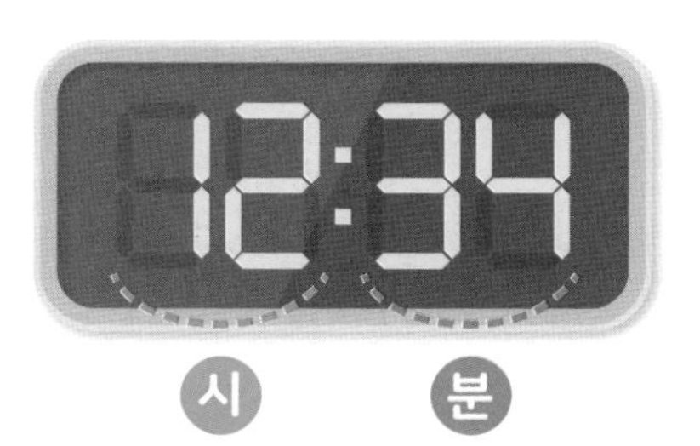

시계를 읽어 보세요.

→ 1시 6분

→ 5시 27분

→ 10시 38분

개념 익히기 2

같은 시각을 나타내는 디지털시계에 ○표 하세요.

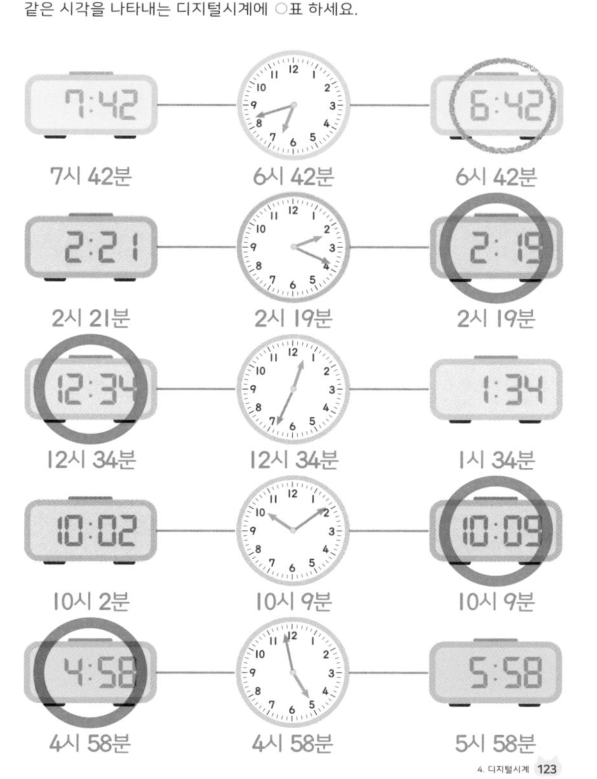

정답 및 해설

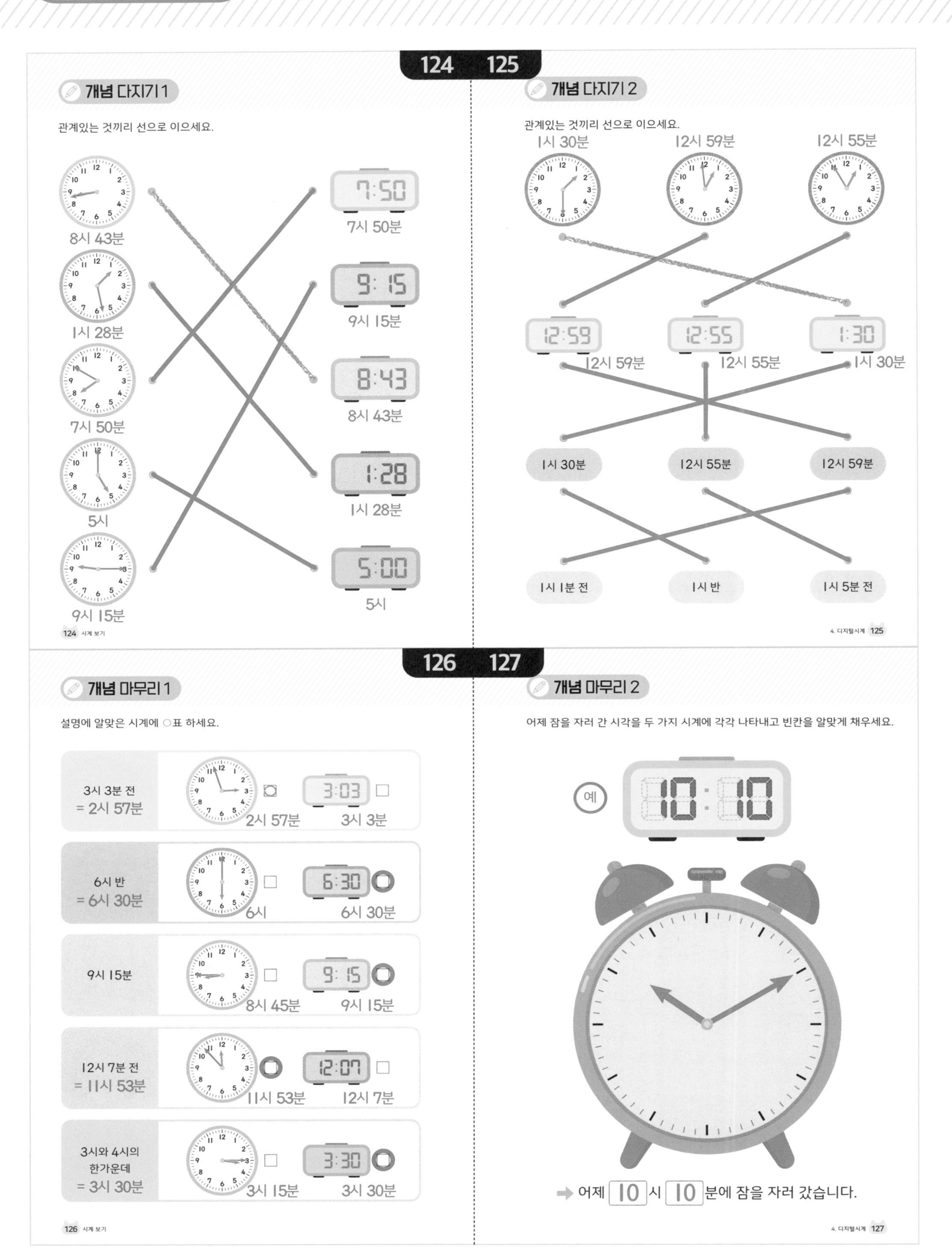

124 125
개념 다지기 1
관계있는 것끼리 선으로 이으세요.
8시 43분
1시 28분
7시 50분
5시
9시 15분
7:50
7시 50분
9:15
9시 15분
8:43
8시 43분
1:28
1시 28분
5:00
5시
개념 다지기 2
관계있는 것끼리 선으로 이으세요.
1시 30분
12시 59분
12시 55분
12:59
12시 59분
12:55
12시 55분
1:30
1시 30분
1시 30분
12시 55분
12시 59분
1시 1분 전
1시 반
1시 5분 전
126 127
개념 마무리 1
설명에 알맞은 시계에 ○표 하세요.
3시 3분 전 = 2시 57분
2시 57분
3:03
3시 3분
6시 반 = 6시 30분
6시
6:30
6시 30분
9시 15분
8시 45분
9:15
9시 15분
12시 7분 전 = 11시 53분
11시 53분
12:07
12시 7분
3시와 4시의 한가운데 = 3시 30분
3시 15분
3:30
3시 30분
개념 마무리 2
어제 잠을 자러 간 시각을 두 가지 시계에 각각 나타내고 빈칸을 알맞게 채우세요.
예
10:10
어제 10 시 10 분에 잠을 자러 갔습니다.

3 오후를 나타내는 다른 방법

오전 12시간이 지나고 오후 7시니까, 19시!

오후 1시
=
13시

낮 12시 / 밤 12시 = 0시

오후 12시간

오전 12시간

13시 14시 15시 16시 17시 18시 19시 20시 21시 22시 23시

개념 익히기 1

빈칸을 알맞게 채우세요.

오후 2시	오후 5시	오후 9시
낮 12시에서 2시간이 지난 시각	낮 12시에서 5시간이 지난 시각	낮 12시에서 9시간이 지난 시각
14 시	17 시	21 시

개념 익히기 2

빈칸을 알맞게 채우세요.

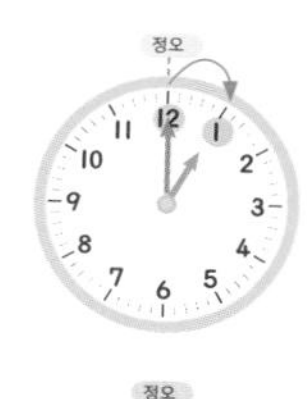

오후 1시 = 13 시
→ 12+1

오후 4시 = 16 시
→ 12+4

오후 7시 = 19 시
→ 12+7

오후 10시 = 22 시
→ 12+10

130 131

개념 다지기 1

빈칸을 알맞게 채우세요.

- 오후 5시 → 17 시 (12 + 5)
- 오후 10시 → 22 시 (12 + 10)
- 오후 8시 → 20 시 (12 + 8)
- 오후 6시 → 18 시 (12 + 6)
- 오후 3시 → 15 시 (12 + 3)
- 오후 11시 → 23 시 (12 + 11)

개념 다지기 2

관계있는 것끼리 선으로 이으세요.

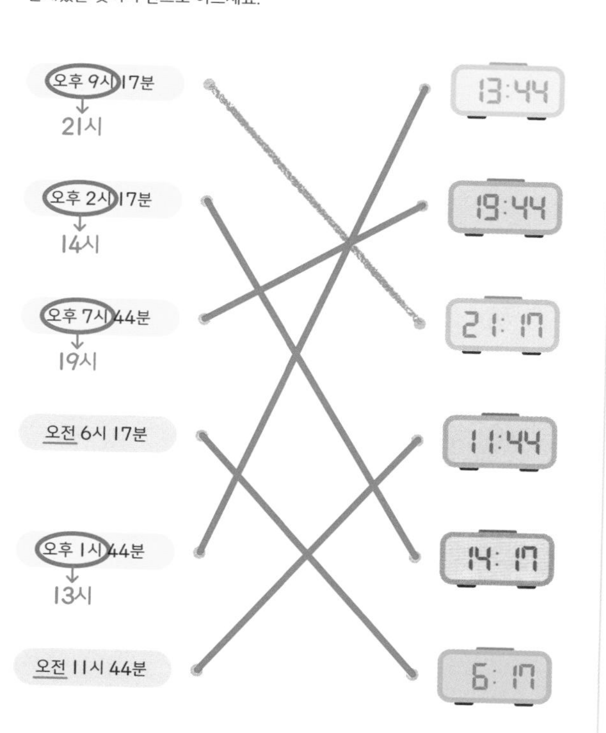

정답 및 해설

132 133

개념 마무리 1

같은 시각이 되도록 빈칸을 알맞게 채우세요.

21시 22분 → 21−12, 그대로 → 오후 9 시 22 분

15시 47분 → 15−12, 그대로 → 오후 3 시 47 분

23시 5분 → 23−12, 그대로 → 오후 11 시 5 분

17 시 18 분 ← 5+12, 그대로 ← 오후 5시 18분

19 시 39 분 ← 7+12, 그대로 ← 오후 7시 39분

13시 56분 → 13−12, 그대로 → 오후 1 시 56 분

개념 마무리 2

버스 시간표를 보고 물음에 답하세요.

출발 장소	출발 시각	도착 장소	도착 시각
대구	11:45	부산	13:00
광주	13:40 (오후 1시 40분)	포항	17:30 (오후 5시 30분)
강릉	19:45	원주	21:05
서울	11:30	안동	14:00

- 대구에서 오전 11시 45분에 출발하면 부산에 도착하는 시각은 오후 몇 시일까요? 오후 1시
- 서울에서 안동까지 걸리는 시간은 몇 시간 몇 분일까요? 2시간 30분
  11:30 —1시간— 12:30 —1시간— 13:30 —30분— 14:00
- 강릉에서 원주로 출발하는 버스는 오전에 있나요? 아니면 오후에 있나요? 오후
  19:45 = 오후 7시 45분
- 포항에 오후 5시 30분에 도착하려면 광주에서 오후 몇 시 몇 분에 출발하면 될까요? 오후 1시 40분
- 강릉에서 19:45에 원주로 출발했다면 도착하는 시각은 오후 몇 시 몇 분일까요? 오후 9시 5분 (21:05)

134 135

단원 마무리

제대로 이해했는지 확인해 봅시다!

스스로 평가	
맞은 개수 6개	매우 잘했어요.
맞은 개수 5개	실수한 문제를 확인하세요.
맞은 개수 4개	틀린 문제를 2번씩 풀어 보세요.
맞은 개수 1~3개	앞부분의 내용을 다시 한번 확인하세요.

1 디지털 숫자가 나타내는 수를 쓰시오.

34 → 34

2 다음 시계가 나타내는 시각을 읽어 보시오.

6:28 → 6시 28분

3 지수는 22시 30분에 자러 갑니다.
지수가 자러 가는 시각이 오후 몇 시 몇 분인지 쓰시오.

22−12

→ 오후 10시 30분

4 설명하는 시각에 알맞게 디지털시계를 색칠하시오.

오전 9시 15분 전 = 8시 45분 → 8:45

5 빈칸을 알맞게 채우시오.

19 시 11 분 = 오후 7시 11분 (12+7)

6 같은 시각이 되도록 시계를 알맞게 그리시오.

23:54 오후 11시 54분

시계 보기

교육 R&D에 앞서가는
키출판사